MATLAB Foundation and
Its Applications in Robotics

MATLAB基础与机器人学应用

石 青　王化平　吴 阳◎编著

北京理工大学出版社
BEIJING INSTITUTE OF TECHNOLOGY PRESS

内 容 简 介

本书是关于 MATLAB 基本应用和机器人学的实用参考书,全书共 7 章,以当前比较流行的 MATLAB 2018 版本为基础,阐述 MATLAB 的主要功能及机器人学基本应用。本书主要内容有:MATLAB 简介及运算规则,包括 MATLAB 用户界面、帮助系统、矩阵运算、数值运算及符号运算等;MATLAB 常见功能,包括 MATLAB 程序设计、数据插值与拟合、数值微积分、常微分方程求解及 MATLAB 绘图等;MATLAB 机器人工具箱,以机械臂为例详细介绍了机器人运动学与动力学建模及仿真;基于 MATLAB 的 Simulink 仿真,重点介绍机器人运动学与动力学建模及计算过程。

本书可用于高等院校机器人相关专业教材,并为机器人爱好者提供机器人学仿真的解决方案。

版权专有　侵权必究

图书在版编目(CIP)数据

MATLAB 基础与机器人学应用 / 石青,王化平,吴阳编著. —北京:北京理工大学出版社,2019. 12(2024.1重印)

ISBN 978 - 7 - 5682 - 8032 - 7

Ⅰ. ①M… Ⅱ. ①石… ②王… ③吴… Ⅲ. ①Matlab 软件 - 应用 - 机器人学 - 研究 Ⅳ. ①TP24

中国版本图书馆 CIP 数据核字(2019)第 290773 号

出版发行 / 北京理工大学出版社有限责任公司

社　　址 / 北京市海淀区中关村南大街 5 号

邮　　编 / 100081

电　　话 / (010) 68914775(总编室)

　　　　　(010) 82562903(教材售后服务热线)

　　　　　(010) 68948351(其他图书服务热线)

网　　址 / http://www.bitpress.com.cn

经　　销 / 全国各地新华书店

印　　刷 / 廊坊市印艺阁数字科技有限公司

开　　本 / 787 毫米 × 1092 毫米　1/16

印　　张 / 13.5　　　　　　　　　　　　　责任编辑 / 孙　澍

字　　数 / 286 千字　　　　　　　　　　　文案编辑 / 孙　澍

版　　次 / 2019 年 12 月第 1 版　2024 年 1 月第 3 次印刷　责任校对 / 刘亚男

定　　价 / 58.00 元　　　　　　　　　　　责任印制 / 李志强

MATLAB 是美国 MathWorks 公司开发的一种多范式数值计算环境和专有编程语言，可进行矩阵计算、数据可视化、算法实现、交互式程序设计及非线性动态系统的建模和仿真等，广泛应用于工程计算、信号处理与通信、工程设计、图像处理等与数值计算相关的众多科学研究领域。机器人学又称为机器人技术或机器人工程学，主要研究机器人的控制与被处理物体之间的相互关系，涉及机械学、电子工程学、控制理论与控制工程学、计算机科学与工程等多学科领域的融合及交叉。21 世纪以来，机器人技术成为衡量一个国家科技水平与高端制造水平的重要标准，也是"中国制造 2025"的重点发展领域，是国家前沿科技和未来产业发展的核心力量。利用 MATLAB 强大的仿真工具和可视化特征，可简化机器人的复杂计算，易于机器人爱好者及初学者迅速了解和探索机器人学的奥秘。

本书是关于 MATLAB 基础和其在机器人学中的实用参考书，全书共 7 章，以当前比较流行的 MATLAB 2018 版本为基础，描述了 MATLAB 的主要功能及机器人学基本应用。第 1 章和第 2 章介绍了 MATLAB 简介及运算规则，包括 MATLAB 用户界面、帮助系统、矩阵运算、数值运算及符号运算等；第 3~5 章介绍了 MATLAB 的常见功能，包括 MATLAB 程序设计、数据插值与拟合、数值微积分、常微分方程求解及 MATLAB 绘图等；第 6 章利用 MATLAB 机器人工具箱，以机械臂为例详细介绍了机器人运动学与动力学建模及仿真；第 7 章基于 MATLAB 的 Simulink 仿真，介绍了机器人运动学与动力学建模及计算过程。

作者一直从事机器人及其仿真相关课程教学，所在团队的研究方向主要是仿生机器人、微纳机器人，在机器人技术前沿交叉及工程应用等领域进行了多年的研究，也积累了丰富的经验。本书的初衷是通过介绍 MATLAB 这一强大的工程计算软件的基础知识，并结合团队在机器人技术中的多年的实践研究，通过实例展现机器人学的 MATLAB 仿真，为广大的本科生、研究生及机器人爱好者提供一种机器人学仿真的解决方案，使他们更能体会到科学计算工具应用于实际研究中的重要性。

本书主要由石青、王化平、吴阳编著。团队同事、博士生及硕士生参与了部分章节的资料整理工作，特别感谢侯尧珍、陈晨、胡豪俊、闫书睿等。本书的编写与出版得到国家重点研发计划政府间国际合作专项、国家自然科学基金等的资助，在此表示衷心的感谢。

由于作者水平有限，编写时间仓促，书中难免存在疏漏及不妥之处，敬请广大读者和专家不吝批评指正。

作　者

目　录
CONTENTS

第1章
MATLAB 简介

1.1 概述

MATLAB 是美国 MathWorks 公司开发的商业数学软件，是用于算法开发、数据可视化、数据分析及数值计算等方面的高级技术计算语言和交互式环境，主要包括 MATLAB 和 Simulink 两大部分。它是以矩阵为基础对象的系统计算平台，把计算、绘图及动态仿真等功能有机地融合在一起，可进行快速开发计算。MATLAB 在工程计算与数值分析、控制系统设计与仿真、信号处理、图像处理等学科领域都有着十分广泛的应用。在高等院校，MATLAB 已成为线性代数、自动控制理论、机器人学、动态系统仿真、图像处理等许多课程的基本教学工具，是大学生和研究生应该掌握的一种基本编程语言。

本书的目的是使读者能够运用 MATLAB 进行一般的工程计算，掌握 MATLAB 的基本技术（基本计算、矩阵处理、符号运算和图形显示技术等），同时，通过 MATLAB 在机器人学中的应用实例掌握机器人学相关的 MATLAB 解决方案，使读者能进一步体会到科学计算工具应用于实际研究的重要性，为将来从事工程技术方面的产品开发、科学研究、工程计算和管理等工作打下一定的基础。

本书的软件界面与程序用例均采用 MATLAB R2018b 版本，如图 1.1 所示。该版本是 MathWorks 官方开发的较新版本的商业数学软件，让用户不仅可以将自己的创意

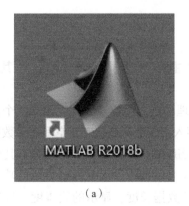

（a）　　　　　　　　　　　　　（b）

图 1.1　MATLAB 快捷图标与启动界面

（a）计算机桌面快捷图标；（b）MATLAB R2018b 启动界面

在桌面展示，还可以对大型数据集进行分析，并扩展到群集和云。另外，MATLAB代码可以与其他语言集成，使用户能够在 Web、企业和生产系统中部署算法和应用程序。与 MATLAB 以往版本相比，MATLAB R2018b 拥有更多数据分析、机器学习和深度学习的相关选项，并且速度比以往更快，深度学习方面有更强大的功能，让用户可以构建自己的模型，并且能够更好地进行网络模型的训练和可视化等。此外，具有优化的 Simulink 智能编辑功能，可通过单击来创建新的模块端口，直接在图标上编辑模块参数；5G Toolbox 可以仿真、分析和测试 5G 通信系统的物理层。该版本适用于工程计算、控制设计、信号处理与通信、图像处理、信号检测、金融建模设计与分析等多个领域。

1.2 用户界面与基本操作

MATLAB 桌面如图 1.2 所示，主要有功能界面、命令行窗口、命令历史记录窗口、工作区窗口等。

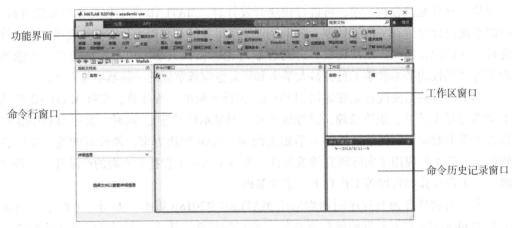

图 1.2　MATLAB 桌面

1.2.1　功能界面

MATLAB 功能界面主要包括三大部分："主页""绘图"及"APP"，其中"主页"是功能界面中的主要工作界面。

"主页"标签如图 1.3 所示，包括基本管理功能，如搜索文件、建立一个新文件、打开一个已经存在的文件、输入数据、将数据存入工作空间或从工作空间清除数据等，以及打开 Simulink 工具箱、设置 MATLAB 环境、帮助和了解 MATLAB 等部分。其中菜单栏有一个"布局"按钮，用户可在该选项中选择在当前工作页面上所要显示的功能。该标签下还有一个"预设"按钮，用户可以自行定义数据长度、显示的紧凑度、日期及数据的显示格式与长度、矩阵的长度与宽度等，另外，还可以选择文档中语句的颜色。

"绘图"标签如图 1.4 所示，主要功能是绘图，包含各种绘图工具。用户不仅可以给出变量直接绘图，而且对于需要创建系统方框图的复杂系统，只需将绘图指令直接加在方框图中即可仿真绘图。一般用户使用的绘图工具都是和系统建模相关。

图 1.3　主页标签

图 1.4　绘图标签

"APP" 标签中包含多种工具箱，可以应用在许多方面，这些工具箱在用户安装 MATLAB 时均可以根据需求自行添加，也可以在后续自行添加。这些工具箱功能强大，应用广泛，如机器学习、深度学习、数学统计与优化、控制系统设计与分析、图像处理与计算机视觉等。

1.2.2　命令行窗口

命令行窗口通常用来执行 MATLAB 命令函数，实现多项任务，比如创建变量、回调 M 文件、数值计算、符号计算、绘制二维图形、绘制三维图形等。如果想再次执行已经运行过的语句，可以借助上下方向键进行选取，可以借助 Delete 键和 Backspace 键进行删除，然后按 Enter 键执行。

在命令行中可以输入变量、函数和数学表达式，按 Enter 键就能给出准确的结果；也可以输入用户自己编写的 M 文件，按 Enter 键开始执行。

1. 工作区

工作区罗列了 MATLAB 工作空间中存储的所有变量名称和变量值，或者运行函数中的所有变量名称和变量值。双击工作区中显示的任意变量，将会打开数组编辑器窗口显示该变量的数值，并且可以同时打开多个变量，还可以借助工作区中变量存储的数值进行绘图。

2. 命令历史记录窗口

在 MALTAB 默认桌面，命令历史记录窗口显示在右下角，如果未显示，可通过单击"主页" → "布局" → "命令历史记录" → "停靠" 来添加命令历史记录窗口。

MATLAB 启动后，所有在命令行窗口执行的语句都会存储在命令历史记录中。如果需要重新运行某一命令行，可以双击命令历史记录中的相应语句来运行该语句行，并将该运行语句和运行结果显示在命令窗口。也可以选中想运行的命令，按住鼠标左键将其拖入命令行窗口，按 Enter 键即可，如需修改，也可以修改后再按 Enter 键运行。还可以将能实现特殊功能的多行语句选中，右击打开悬挂菜单，然后选择"创建脚本"

或者"创建实时脚本",进而在命令行窗口输入 M 文件名称,从而运行选中的多行命令并给出结果。

3. 基本操作指令

(1) who 和 whos 指令

who 命令用来查看工作空间的所有变量名。

【例 1.1】 查看工作区变量及其具体信息。

```
>> a =[1 2 3;4 5 6;7 8 9];i =1;j =1;syms x;
>> who
您的变量为:
a   i   j   x
```

whos 命令可查看工作空间中变量名的具体信息:

```
>>whos
Name       Size         Bytes    Class       Attributes
a          3x3          72       double
i          1x1          8        double
j          1x1          8        double
x          1x1          8        sym
```

【例 1.2】 whos 命令的具体使用。

查看 double 型变量信息:

```
>> a =1.5;
>> whos a      % 显示变量a 的信息
 Name       Size          Bytes   Class      Attributes

 a          1x1           8       double
```

查看 char 型变量信息:

```
>> SL ='I am a good man';
>> whos SL      % 显示变量 SL 的信息
 Name       Size          Bytes   Class      Attributes

 SL         1x15          30      char
```

(2) exist 指令

如果用户想查询当前工作区是否存在一个变量,可以调用 exist 函数来完成。该函数的调用格式如下：

```
>> i = exist('A')
```

其中，A 为要查询的变量名。

返回值 i 表示 A 存在的形式：

➤ $i=0$：表示 A 不存在；

➤ $i=2$：表示在当前工作空间中存在一个名为 A 的变量；

➤ $i=2\sim8$：给出了变量作为文件、函数等的各种信息。

还可以利用 help 指令查询，键入"help exist"即可。如果 A 是一个变量、数组或矩阵，则也可以直接键入"A"。如果该变量存在，则显示其内容；如果该变量不存在，则给出该变量不存在的信息。

（3）clear 和 clc 指令

用户可以调用 clear 指令来删除一些不再使用的变量，从而使整个工作区更简洁。例如，指令"clear x1 y1"将删除 x_1 和 y_1 变量。此处应注意，这一命令中 x_1 与 y_1 中之间不能加逗号，否则该命令就会被错误地解释成将 y_1 的内容显示出来，从而 y_1 变量未被删除。

```
>> clear a,i
i =
     1
```

如果用户想删除整个工作区中所有的变量，则可以使用 clear 命令，在该命令后面不用加任何参数即可达到删除工作区所有变量的目的。但应当特别注意，一旦使用 clear 命令，MATLAB 工作区中的全部变量将被无条件删除。系统不会要求确认这个命令，所有变量都将被直接清除且不能恢复。

一般来说，如果需要运行一个较为复杂的文件，在文件开头最好利用 clear 命令清空工作区，否则可能会有以前遗留的一些变量与用户先前定义的变量产生冲突，从而影响计算结果。

clc 命令用于清除命令行窗口中的所有指令和结果。

1.2.3　帮助系统

MATLAB 提供了大量的函数和命令，要记忆全部函数和命令的使用方法是不现实的，可行的办法是先掌握一些基本内容，然后在实践中不断地总结和积累，逐步掌握其他内容。另外，通过软件系统本身提供的帮助功能来学习 MATLAB 的使用也是重要的方法。MATLAB R2018b 提供了丰富的帮助功能，通过这些功能可以很方便地获得有关函数和命令的使用方法。

MATLAB 帮助界面相当于一个帮助信息浏览器，使用帮助界面可以搜索和查看所有 MATLAB 的帮助文档，还能运行相关演示程序。一般可以通过以下 3 种方法进入

MATLAB 帮助界面：

➤ 单击 MATLAB 主窗口工具栏中的"帮助"按钮；

➤ 单击"帮助"菜单栏中前两项中的任何一项；

➤ 在命令行窗口中执行 helpwin 命令或 doc 命令。

MATLAB 的帮助界面如图 1.5 所示，该窗口包括左边的帮助向导目录和右边的帮助显示界面两部分。其中帮助向导目录包括所要查询的内容标题，可根据菜单栏中的不同帮助内容进行查询，如示例、函数和模块等。

图 1.5　帮助界面

【例 1.3】　helpwin 命令使用示例。

```
% 键入 helpwin 命令
>> helpwin
matlab\datafun              -Data analysis and Fourier transforms.
matlab\datatypes            -Data types and structures.
matlab\elfun                -Elementary math functions.
...
matlab\strfun               -Character arrays and strings.
matlab\timefun              -Time and dates.
matlab\validators           -(没有目录文件)
matlab\demos                -Examples.
```

```
matlab\graph2d              -Two dimensional graphs.
matlab\graph3d              -Three dimensional graphs.
matlab\graphics             -Handle Graphics.
graphics\obsolete           -(没有目录文件)
...
webservices\restful         -(没有目录文件)
interfaces\webservices      -MATLAB Web Services Interfaces.
```

MATLAB 的指令繁多，为了帮助用户找到命令，MATLAB 通过其在线帮助功能来提供帮助。这些功能有三种形式：help 命令、lookfor 命令及交互使用的 help 菜单条。

1. help 命令

help 命令是查询函数用法的最基本方法，查询信息直接显示在命令窗口中。在命令窗口中直接输入"help"，MATLAB 将列出所有的帮助主题，每个帮助主题对应 MATLAB 搜索路径中的一个目录。

➢ help 后加帮助主题，可获得指定帮助主题的帮助信息；

➢ help 后加函数名，可得到指定函数的含义、用法等信息；

➢ help 后加命令名，将得到指定命令的用法。

【例 1.4】　利用 help 函数查看 sqrt 函数的具体信息。

```
>> help sqrt
```

此 MATLAB 函数返回数组 X 的每个元素的平方根。

对于 X 的负元素或复数元素，sqrt(X) 生成复数结果。

```
B = sqrt(X)
```

另请参阅 nthroot，realsqrt，sqrtmsqrt 的参考页中名为 sqrt 的其他函数。

2. lookfor 命令

lookfor 命令可以根据关键词来提供帮助。用户给出需要查询的关键词，MATLAB 自行搜索所有 MATLAB 帮助标题，以及 MATLAB 搜索路径中 M 文件的第一行，返回结果包含所指定关键词的所有项。用户还可以只给出关键词，不必是 MATLAB 命令。

【例 1.5】　lookfor 指令查看 fourier 相关函数。

```
>> lookfor fourier
```

命令行窗口输出如图 1.6 所示。

```
>> lookfor fourier
fft                        - Discrete Fourier transform.
fft2                       - Two-dimensional discrete Fourier Transform.
fftn                       - N-dimensional discrete Fourier Transform.
ifft                       - Inverse discrete Fourier transform.
ifft2                      - Two-dimensional inverse discrete Fourier transform.
ifftn                      - N-dimensional inverse discrete Fourier transform.
slexFourPointDFTSysObj     - 4 point Discrete Fourier Transform
fourierBasis               - Generates Fourier series expansion for gain surface tuning.
fi_radix2fft_demo          - Convert Fast Fourier Transform (FFT) to Fixed Point
dftmtx                     - Discrete Fourier transform matrix.
fsst                       - Fourier synchrosqueezed transform
ifsst                      - Inverse Fourier synchrosqueezed transform
specgram                   - Spectrogram using a Short-Time Fourier Transform (STFT).
spectrogram                - Spectrogram using a Short-Time Fourier Transform (STFT).
xspectrogram               - Cross-spectrogram using Short-Time Fourier Transforms (STFT).
fourier                    - Fourier integral transform.
ifourier                   - Inverse Fourier integral transform.
```

图 1.6   lookfor 使用示例

3. 其他帮助命令

其他帮助命令见表1.1。

表 1.1   其他帮助命令

命令	命令功能
helpwin	打开帮助窗口
demo	运行 MATLAB 演示程序
who	列出当前工作内存中的变量
whos	列出当前工作内存中的变量的详细信息
what	列出当前目录或指定目录下的 M 文件、MAT 文件和 MEX 文件
which	显示指定函数和文件的路径
exist	检查指定名字的变量或文件的存在性
doc	在网络浏览器中显示指定内容的 HTML 格式的帮助文件，或者启动 helpdesk

1.3   数据与变量基础

1.3.1   基本数据类型

MATLAB 中有 16 种基本数据类型，如图 1.7 所示，主要是逻辑、字符、数值、结构体、单元数组、表格及函数句柄等。用户还可以定义自己的数据类型，每种基本的数据类型均以矩阵的形式出现。

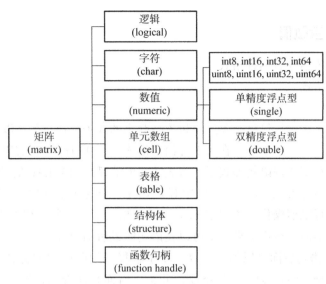

图 1.7　基本数据类型

1.3.2　变量命名

像其他计算机语言一样，MATLAB 也有变量名规则，变量名必须是不含有空格的单个词。变量命名规则如下：

➢ 变量名区分字母大小写，如 Robot，robot，roBot 及 ROBOT 都是不同的变量。

➢ 变量名必须以字母开头，之后可用任意字母、数字或下划线，如 r2333，r_obot。

➢ 许多标点符号在 MATLAB 中具有特殊含义，所以变量名中不允许使用这些标点符号，如 "，" "；" "." 及空格等。

➢ 名字不能超过 63 个字符，第 63 个字符后的字符将被忽略。

除了这些命名规则，MATLAB 还有一些特殊变量，见表 1.2。

表 1.2　MATLAB 的特殊变量

特殊变量	取值
ans	用于结果的缺省变量名
pi	圆周率
eps	计算机的最小数
flops	浮点运算数
inf	无穷大，如 1/0
nan	不等量，如 0/0
i 或 j	虚数单位
nargin	函数的输入变量数目
nargout	函数的输出变量数目
realmin	最小的可用正实数
realmax	最大的可用正实数

1.3.3　变量赋值

MATLAB 赋值语句有两种格式：

➢ 变量 = 表达式

➢ 表达式

其中表达式是用运算符将有关运算量连接起来的式子。运算量可以为矩阵，所以表达式的结果也可以是一个矩阵。在第 1 种语句形式下，MATLAB 将右边表达式的值赋给左边的变量，而在第 2 种语句形式下，将表达式的值赋给 MATLAB 的预定义变量 ans。

一般地，运算结果在命令行窗口中显示出来。如果在语句的最后加分号，那么 MATLAB 仅仅执行赋值操作，不再显示运算的结果。如果运算的结果是一个很大的矩阵或者用户根本不需要运算结果，则可以在语句的最后加上分号。

在 MATLAB 语句后面可以加上注释，用于解释或说明语句的含义，对语句处理结果不产生任何影响。注释以%（百分号）开头，后面是注释的内容。一段程序中，如果某一行出现%，则其后的所有文字均为注释语句。但注释语句不能转行，如果注释语句太长，则另起一行，同时前面也要加%。

【例 1.6】　MATLAB 中注释使用示例。

```
>> x = 1      % 百分号后为注释且输出不显示
x =
     1
```

MATLAB 中，多条命令可以放在同一行，中间用逗号或分号隔开。用逗号结果会显示，用分号结果不会显示。

【例 1.7】　逗号与分号使用区别。

```
>> x = 1;y = 2,z = 3;k = 4
y =
     2
k =
     4
```

1.4　本章小结

本章主要内容为 MATLAB 简介，首先是 MATLAB 整体概述和 MATLAB 桌面环境介绍，然后对 MATLAB 的帮助功能进行了详细的阐述，进而为读者进一步学习 MATLAB 提供了方法。最后，本章对 MATLAB 的数据类型进行了总结并讨论了变量的命名、赋值等，为后续章节 MATLAB 的基本运算奠定了基础。

习题

1. 简述 MATLAB 的主要功能。

2. MATLAB 桌面主要由哪些窗口构成？这些窗口的主要功能是什么？

3. 计算下面的数学表达式并查看结果的详细信息。

（1）$y_1 = 6 - 3.60 \times 2$　　　（2）$y_2 = 4\pi - \pi^2$

4. 借助 help 函数了解 diff 函数的意义。

5. 通过帮助浏览器窗口了解函数 int 和 limit。

6. 在 "APP" 功能栏中选择一个感兴趣的工具箱，借助帮助浏览器窗口了解相关内容。

7. 在一个 MATLAB 命令中，$2 + 3i$ 和 $2 + 3 * i$ 有什么区别？i 和 I 有什么区别？

8. 设 $a = 1 + i$，$b = 4 - i$，$c = e^{\frac{\pi}{4}i}$，求 $c + \dfrac{a+b}{ab}$。

第2章

MATLAB 基本运算

2.1 矩阵运算

矩阵是 MATLAB 的基本处理对象，也是 MATLAB 的重要特征。MATLAB 的大部分运算或命令都是在矩阵运算的意义下执行的，MATLAB 强大的计算功能以矩阵运算为基础，学习 MATLAB 也要从学习 MATLAB 的矩阵运算功能开始。

2.1.1 矩阵生成与访问

1. 矩阵生成

（1）直接输入简单矩阵

对于简单矩阵来说，直接输入法创建矩阵是一种最直接、简单、有效的方法。直接创建矩阵时，必须满足以下 4 个条件：

➤矩阵元素必须用 [ ] 括住；

➤矩阵元素必须用逗号或空格分隔；

➤在 [ ] 内，矩阵的行与行之间必须用分号分隔；

➤矩阵元素可以为表达式，也可以为复数。

【例2.1】 直接创建矩阵。

使用空格（或逗号）创建矩阵：

```
>> a = [1 2 3;4 5 6;7 8 9]
a =
     1     2     3
     4     5     6
     7     8     9
```

使用冒号快捷创建矩阵：

```
>> b = [1:3;4:6;7:9]
b =
     1     2     3
```

4	5	6
7	8	9

【注】冒号是一个重要的运算符，利用它可以创建行向量。冒号表达式的一般格式为 a:b:c，其中，a 为初值，b 为步长，c 为终值（$c > a$）。另外，表达式中省略 b 时，默认步长为 1。

快捷创建一维数组：

```
>> c = [1:2:10]
c =
     1     3     5     7     9
```

创建复数矩阵：

```
>> d = [2 pi/2;sqrt(3)3 +5i]
d =
   2.0000 +0.0000i   1.5708 +0.0000i
   1.7321 +0.0000i   3.0000 +5.0000i
```

（2）矩阵生成命令

MATLAB 内部提供了一些特殊矩阵的生成命令可供用户快捷使用，可以用于快速创建一些特殊矩阵，如单位矩阵和零矩阵等，见表 2.1。

表 2.1　常用矩阵生成命令

矩阵函数	作用
[ ]	空矩阵
eye(n)	n 阶单位矩阵
ones(m,n)	$m \times n$ 阶全 1 矩阵
zeros(m,n)	$m \times n$ 阶全 0 矩阵
rand(m,n)	$m \times n$ 阶 [0，1] 之间随机矩阵
randn(m,n)	$m \times n$ 阶正态分布随机矩阵

【例 2.2】　建立一个 3×3 零矩阵 zeros(3)。

```
>> zeros(3)
   ans =
   0     0     0
   0     0     0
   0     0     0
```

【例 2.3】　建立一个 3×2 零矩阵 zeros(3,2)。

```
>> zeros(3,2)
   ans =
        0     0
        0     0
        0     0
```

【例 2.4】 设 A 为 2×3 矩阵，则可以用 zeros(size(A)) 建立一个与矩阵 A 同样大小的零矩阵。

```
>> A = [1 2 3;4 5 6];      % 产生一个 2×3 的矩阵 A
>> zeros(size(A))          % 产生一个与矩阵 A 同样大小的零矩阵
ans =
       0      0      0
       0      0      0
```

【例 2.5】 建立在区间 $[20, 50]$ 内均匀分布的 5 阶随机矩阵。

```
>> x = 20 + (50 - 20) * rand(5)
x =
   44.4417   22.9262   24.7284   24.2566   39.6722
   47.1738   28.3549   49.1178   32.6528   21.0714
   23.8096   36.4064   48.7150   47.4721   45.4739
   47.4013   48.7252   34.5613   43.7662   48.0198
   38.9708   48.9467   44.0084   48.7848   40.3621
```

【例 2.6】 建立均值为 0.6、方差为 0.1 的 5 阶正态分布随机矩阵。

```
>> y = 0.6 + sqrt(0.1) * randn(5)
y =
    0.9272    0.8809    1.0549    0.5677    0.5905
    0.8299    0.2373    0.7028    0.5236    0.5479
    0.5040    0.2620    0.3613    0.7009    0.7985
    0.6929    0.3440    1.0333    0.6989    0.9457
    0.3510   -0.3311    0.0588    0.3265    0.9508
```

此外，常用的函数还有 reshape(A,m,n)，它在矩阵总元素保持不变的前提下，将矩阵 A 重新排成 $m \times n$ 的二维矩阵。

（3）从外部数据文件读取

【例 2.7】 外部载入 dat 文件创建矩阵。

```
>> load matrix.dat;     % 载入 dat 文件
>> matrix
```

```
matrix =
    1    2    3
    4    5    6
    7    8    9
```

【注】dat 文件并不是一种标准文件,但按照扩展名 .data 来看即为数据文件,用于存储大批量数据,此处 load 指令的作用是将 dat 文件中的变量加载到工作区。

(4) 用户编写 M 文件产生矩阵

【例 2.8】　对于比较大、比较复杂的矩阵,可以为其专门建立一个 M 文件。

新建 M 文件(详见第 3 章),输入:

```
a =[1 2 3;4 5 6;7 8 9];
disp(a)
```

命令行窗口中运行:

```
>> matrix
    1    2    3
    4    5    6
    7    8    9
```

【注】M 文件是一种扩展名为 ".m" 的 MATLAB 程序,可根据调用方式不同分为两类:脚本文件和函数文件,该例题中创建的 M 文件为脚本文件。

(5) 魔方矩阵

魔方矩阵有一个有趣的性质,其每行、每列及两条对角线上的元素和都相等。对于 n 阶魔方矩阵,其元素由 1,2,3,…,n^2 共 n^2 个整数组成。MATLAB 提供了建立魔方矩阵的函数 magic(n),其功能是生成一个 $n(\geqslant 3)$ 阶魔方矩阵。

【例 2.9】　创建 5×5 魔方矩阵。

```
>> magic(5)
ans =
    17   24    1    8   15
    23    5    7   14   16
     4    6   13   20   22
    10   12   19   21    3
    11   18   25    2    9
```

2. 矩阵元素访问

➤ 使用矩阵元素的行列全下标形式 A(*,*)。使用全下标形式访问矩阵元素的方法简单、直接,同线性代数的矩阵元素的概念一一对应。

➤ 使用矩阵元素的单下标形式 A(*)。矩阵元素的单下标是矩阵元素在内存中存储的序列号，一般情况下，同一个矩阵的元素存储在连续的内存单元中（元素的排列以列元素优先）。

【例 2.10】 矩阵与元素访问示例。

```
A =
    4    10     1     6     2
    8     2     9     4     7
    7     5     7     1     5
    0     3     4     5     8
```

矩阵单个元素访问：

```
>> A(1,2)
ans =
    10
```

```
>> A(5)
ans =
    10
```

矩阵块访问：

```
>> A(2:4,2:3)
ans =
    2    9
    5    7
    3    4
```

```
>> A([2 3 4],[2 3])
ans =
    2    9
    5    7
    3    4
```

矩阵元素访问 " : " 的使用：

```
>> A(1:4,5)
ans =
    2
    7
    5
    8
```

```
>> A(:,5)
ans =
    2
    7
    5
    8
```

```
>> A(:,end)
ans =
    2
    7
    5
    8
```

```
>> A(17:20)'
ans =
    2
    7
    5
    8
```

主要矩阵访问方式见表 2.2，其中矩阵元素单下标和全下标可运用 MATLAB 的两个函数 sub2ind 和 ind2sub 进行计算。

表 2.2　矩阵元素访问常用指令

矩阵元素的访问	说明
A(i,j)	访问矩阵 A 第 i 行第 j 列的元素，其中 i 和 j 为标量
A(i,:)	访问矩阵 A 中第 i 行的所有元素
A(:,j)	访问矩阵 A 中第 j 列的所有元素
A(:)	访问矩阵 A 中的所有元素，将矩阵看成一个向量
A(L)	使用单下标的方式访问矩阵元素，其中 L 为标量

【例 2.11】　矩阵的单下标与全下标。

```
>> A =[4 10 1 6 2;8 2 9 4 7;7 5 7 1 5;0 3 4 5 8]
A =
     4    10     1     6     2
     8     2     9     4     7
     7     5     7     1     5
     0     3     4     5     8
```

sub2ind 函数的使用：

```
>> sub2ind(size(A),2,2)        % 根据全下标计算单下标
ans =
     6
```

ind2sub 函数的使用：

```
>> [i,j] =ind2sub(size(A),7)    % 根据单下标计算全下标
i =
     3
j =
     2
```

2.1.2　矩阵基本运算

1. 矩阵与标量的运算

矩阵与标量的运算即完成矩阵的每个元素对该标量的运算，包括 +，–，×，÷ 及乘方等运算。

【例 2.12】　矩阵与标量的运算。

输入矩阵 *a*，*b*：

```
>> a =[1 2 3;4 5 6;7 8 0];
>> b =[1;2;3];
```

矩阵与标量的加法和减法：

```
>> a +2
ans =
     3     4     5
     6     7     8
     9    10     2
>> a –3
```

```
ans =
    -2    -1     0
     1     2     3
     4     5    -3
```

矩阵与标量的乘法和除法：

```
>> c = 2 * b
c =
     2
     4
     6
>> d = b/2
d =
    0.5000
    1.0000
    1.5000
```

矩阵平方：

```
>> a^2      % 矩阵 a 的平方
ans =
    30    36    15
    66    81    42
    39    54    69
```

2. 矩阵与矩阵的运算

（1）矩阵的加减法运算

矩阵 *a* 和 *b* 的维数完全相同时，可以进行矩阵加减法运算，MATLAB 会自动地将 *a* 和 *b* 矩阵的相应元素相加减。如果 *a* 和 *b* 的维数不相等，则 MATLAB 将给出错误信息，提示用户两个矩阵的维数不相等。

【例 2.13】 矩阵加法示例。

```
>> a = [1 2 3;4 5 6;7 8 0];
>> b = [1 2;3 4];
>> c = [5 6;7 8];
```

矩阵相加时，如果维度不一致，会发生错误：

```
>> a + b
矩阵维度必须一致。
>> b + c
```

```
ans =
     6      8
    10     12
```

（2）矩阵的乘法运算

两个矩阵 a、b 的维数相容（a 的列数等于 b 的行数）时，可以进行 $a*b$ 的运算。矩阵相乘时，维数不相容会发生错误。

【例 2.14】　矩阵乘法示例。

```
>> a = [1 2 3;4 5 6;7 8 0];
>> b = [1;2;3];
>> c = a * b
c =
    14
    32
    23
>> b * a          % 矩阵维度不相容时,相乘会发生错误
错误使用  *
用于矩阵乘法的维度不正确,请检查并确保第一个矩阵中的列数与第二个矩阵中的
行数匹配。要执行按元素相乘,请使用'.*'。
```

（3）矩阵的除法运算

矩阵的除法运算包括左除和右除两种运算，其中，左除表示为 $a\backslash b = a^{-1}b$，要求 a 为方矩阵；右除表示为 $a/b = ab^{-1}$，要求 b 为方矩阵。

【例 2.15】　矩阵除法示例。

```
>> a = [1 2;5 6];
>> b = [4 3 2;7 2 4];
>> c = [1 0 0;1 2 3;1 1 1];
```

矩阵的左除：

```
>> a\b
ans =
   -2.5000    -3.5000    -1.0000
    3.2500     3.2500     1.5000
```

矩阵的右除：

```
>> b/c
ans =
     0     -1      5
     7      2     -2
```

（4）矩阵的点运算

MATLAB 定义了一种矩阵间的特殊运算——点运算。两个矩阵之间的点运算是该矩阵对应元素的相互运算，例如"$d = a.*b$"表示矩阵 a 和 b 的相应元素之间进行乘法运算，然后将结果赋给矩阵 d。注意，点乘积运算要求矩阵 a 和 b 的维数相同，这种点乘积又称为 Hadamard 乘积。

【例 2.16】 矩阵的点运算。

```
>> a = [ 2 3;4 1 ];
>> b = [ 1 2;5 6 ];
>> c = a * b
c =
    17    22
     9    14
>> d = a. * b
d =
     2     6
    20     6
```

（5）矩阵求幂

矩阵求幂的运算包括矩阵与常数的幂运算和矩阵与矩阵的幂运算，用点运算的形式表示。具体解释如下：

➢ $a.\hat{\ }3 = \left[a_{ij}^3 \right]$：矩阵 a 的 3 次方，即矩阵 a 的每个元素的 3 次方形成的矩阵。

➢ $3.\hat{\ }a = \left[3^{a_{ij}} \right]$：3 的 a 次方，即新矩阵的每个矩阵元素都是以 3 为底，以矩阵 a 的对应元素为幂指数形成的新矩阵。

➢ $a.\hat{\ }b = \left[a_{ij}^{b_{ij}} \right]$：$a$ 的 b 次方，即新矩阵的每个元素都以矩阵 a 的元素为底，以矩阵 b 的对应元素为幂指数。

【例 2.17】 矩阵的幂运算。

```
>> a = [ 2 3;4 1 ];
>> b = [ 1 2;5 6 ];
>> a.^3
ans =
     8    27
    64     1
>> 3.^a
ans =
     9    27
    81     3
```

```
>> a.^b
ans =
         2          9
      1024          1
```

2.1.3　矩阵函数

MATLAB 定义了一些特殊矩阵指令和函数，用户不必一一赋值定义，方便了用户对矩阵进行一些常规操作。

1. size 函数

size 函数的调用格式为：

```
[n,m] = size(a)
```

其中，a 为要测试的矩阵名；返回的两个参数 n 和 m 分别为矩阵 a 的行数和列数。

【例 2.18】　size 函数使用。

```
>> a = [2 3;5 6;7 8];
>> [n,m] = size(a)      % 查询矩阵 a 的行、列数
n =
     3
m =
     2
```

2. length 函数

当要测试的变量是一个数组而不是矩阵时，仍可以由 size 函数来求得其大小。更简洁的是，用户可以使用 length 函数来求得。length 函数的调用格式为：

```
n = length(a)
```

其中，a 为要测试的数组名；返回值 n 为数组 a 的元素个数。如果 a 为矩阵，则将返回 a 的行、列数的最大值，则该函数等效于 $\max(\operatorname{size}(a))$。

【例 2.19】　length 函数使用。

```
>> a = [2 3;5 6;7 8];
>> n = length(a)      % 查询 a 矩阵的最大维数
n =
     3
```

3. find 函数

MATLAB 可以用 find 函数进行特殊要求的矩阵元素定位。不仅可以找出特定的元素，而且可以找出特殊范围内的元素，该函数的输出为对应元素的行列位置。

【例 2.20】　find 函数使用。

```
>> a =[2 3;5 6;7 8];
>> [i,j] = find(a ==5) % 找出矩阵元素 5 的位置
i =
        2
j =
        1
>> [i,j] = find(a >5)   % 指出矩阵元素中大于 3 的元素的行、列位置
i =
        3
        2
        3
j =
        1
        2
        2
```

4. 矩阵运算操作函数

常用的矩阵运算函数见表 2.3，另外，表 2.4 还列举了一些矩阵操作函数。

表 2.3   常用矩阵函数

函数	说明	函数	说明
inv(A)	矩阵求逆	rank(A)	矩阵的秩
pinv(A)	矩阵伪逆	trace(A)	矩阵的迹
det(A)	行列式的值	A'	矩阵转置
d = eig(A)	矩阵的特征值	sqrt(A)	矩阵开方
[V,D] = eig(A)	矩阵的特征值与特征向量	orth(A)	正交化

表 2.4   其他矩阵操作函数

命令	说明
reshape(A,m,n)	将矩阵 A 变维为 $m \times n$ 维
flipud(A)	矩阵做上下翻转
fliplr(A)	矩阵做左右翻转
rot90(A,k)	矩阵逆时针翻转 $k \times 90°$
diag(A)	提取矩阵 A 的对角元素，返回列向量
diag(v)	以列向量 v 作对角元素创建对角矩阵
triu/tril(A)	提取 A 的上/下三角矩阵

【注】diag 函数的不同调用形式有着不同的含义，主要区别如下：

➤ X = diag(v,k)：将向量 v 写入矩阵 X 的主对角线上，而矩阵 X 的其他元素为零。k 表示上移或下移行数，$k=0$ 则恰好在主对角线上。当 $k=0$ 时，可以默认不写。

➤ v = diag(X,k)：从矩阵 X 中提取对角线元素到向量 v 上。k 表示提取上移 k 行或下移 k 行的对角线元素。

【例 2.21】　区分 diag 函数的两种用法。

用法一：

```
>> A = [1 0 0;0 2 0;0 0 3]
A =
     1     0     0
     0     2     0
     0     0     3
>> diag(A)
ans =
     1
     2
     3
```

用法二：

```
>> v = [1 2 3];          >> diag(v,1)             >> diag(v,-1)
>> diag(v)               ans =                    ans =
ans =                         0     1     0     0      0     0     0     0
     1     0     0            0     0     2     0      1     0     0     0
     0     2     0            0     0     0     3      0     2     0     0
     0     0     3            0     0     0     0      0     0     3     0
```

2.2　数值运算

2.2.1　基本数学函数

MATLAB 所支持的基本数学函数可见表 2.5 ~ 表 2.8。注意：MATLAB 只对弧度操作。

2.2.2　多项式运算

多项式运算是线性代数和线性系统分析中的重要内容。MATLAB 提供了多条命令，可以进行多项式运算。MATLAB 语言把多项式表达成一个行向量，该向量中的元素是按多项式降幂排列的，多项式的阶次是依照系数向量 p 的长度减 1 而得的。表 2.9 是MATLAB 中常用的多项式函数。

表 2.5　三角函数

函数	说明	函数	说明	函数	说明
sin	正弦函数	tanh	双曲正切函数	csch	双曲余割函数
sinh	双曲正弦函数	atan	反正切函数	acsc	反余割函数
asin	反正弦函数	atan2	四象限反正切函数	acsch	反双曲余割函数
asinh	反双曲正弦函数	atanh	反双曲正切函数	cot	余切函数
cos	余弦函数	sec	正割函数	coth	双曲余切函数
cosh	双曲余弦函数	sech	双曲正割函数	acot	反余切函数
acos	反余弦函数	asec	反正割函数	acoth	反双曲余切函数
acosth	反双曲余弦函数	asech	双曲反正割函数		
tan	正切函数	csc	余割函数		

表 2.6　指数运算函数

函数	说明	函数	说明
exp	指数函数	realpow	实数幂函数
log	自然对数函数	reallog	实数自然对数函数
log10	常用对数函数	realsqrt	实数平方根函数
log2	以 2 为底的对数函数	sqrt	平方根函数
pow2	2 的幂函数	nextpow2	求大于输入参数的第一个 2 的幂次值

表 2.7　复数运算函数

函数	说明	函数	说明
abs	求实数的绝对值和复数的模	real	求复数的实部
angle	求复数的相角	unwrap	更正相位角，使相位图更平滑
complex	构造复数	isreal	判断输入参数是否为实数
conj	求复数的共轭复数	cplxpair	复数阵成共轭对形式排列
imag	求复数的虚部		

表 2.8　圆整和求余函数

函数	说明	函数	说明
fix	向 0 取整的函数	mod	求模函数
floor	向 $-\infty$ 取整的函数	rem	求余数
ceil	向 $+\infty$ 取整的函数	sign	符号函数
round	向最近的整数取整的函数		

表 2.9　多项式函数

函数名	说明
conv	多项式乘法
deconv	多项式除法
poly	由多项式的根构造系数多项式
polyval	求多项式的值
polyfit	多项式的曲线拟合
polytool	多项式的曲线拟合工具
compan	由系数多项式生成伴随矩阵
polyeig	多项式的特征值
ployvalm	求矩阵多项式的值
poly2str	由系数多项式构成字符串多项式
sym2poly	由符号多项式构成系数多项式
poly2sym	由系数多项式构成符号多项式
polyder	求符号多项式的微商表达式
polyint	求符号多项式的积分表达式
residue	分式多项式展开成部分分式
roots	求多项式的根
Taylortool	泰勒级数工具

【例 2.22】　建立并显示多项式 $p(x) = x^4 + 3x^3 - 2x^2 + 5$。

在 MATLAB 命令行窗口中输入：

```
>> p =[1 3 -2 0 5]
```

结果显示如下：

```
p =
     1    3    -2    0    5
```

再利用 polysym 函数将多项式显示：

```
>> poly2sym(p)
ans =
x^4 +3 * x^3 -2 * x^2 +5
```

1. 多项式的四则运算

（1）多项式的加减法

两个多项式的加法、减法为多项式元素的加、减运算。两个多项式的阶数可以不同，但在定义多项式时，应当补充 0 元素使其行向量元素数目相等，否则不能相加、减。

【例 2.23】 多项式加减法运算。

输入 p_1，p_2：

```
>> p1 = [1 3 -2 0 5];
>> p2 = [0 2 1 4 6];
```

进行加减运算的结果如下：

```
>> p1 + p2
ans =
    1    5   -1    4   11
>> p1 - p2
ans =
    1    1   -3   -4   -1
```

（2）conv 多项式乘运算

【例 2.24】 $a(x) = x^2 + 2x + 3$，$b(x) = 4x^2 + 5x + 6$，求 $c = (x^2 + 2x + 3)(4x^2 + 5x + 6)$。

输入 a，b：

```
>> a = [1 2 3];
>> b = [4 5 6];
```

计算 conv(a,b)：

```
>> c = conv(a,b)
c =
    4   13   28   27   18
>> p = poly2sym(c)
p =
4 * x^4 +13 * x^3 +28 * x^2 +27 * x +18
```

（3）deconv 多项式除运算

【例 2.25】 多项式除运算示例。

```
>> a = [1 2 3];
>> c = [4 13 28 27 18];
>> d = deconv(c,a)
d =
    4    5    6
```

输出余数显示：

```
>> [d,r] = deconv(c,a)      % d 为 b 除以 a 后的整数,r 为余数
d =
```

```
         4    5    6
  r =
         0    0    0    0
```

2. 多项式微分与积分

（1）多项式微分

MATLAB 提供了 polyder 函数用于计算微分，调用格式如下：

➢ k = polyder(p)：求多项式 p 的微分；

➢ k = polyder(a,b)：求多项式 a，b 乘积的微分；

➢ [q,d] = polyder(a,b)：求多项式 a，b 商的导数，导数的分子存入 q，分母存入 d。

上述函数中，参数 p，a，b 均为多项式的系数向量，结果 k，q，d 也是多项式的系数向量。

【例 2.26】　求 $f(x) = x^4 + 2x^3 + 3x^2 + 4x + 5$ 的导数。

```
>> a = [1 2 3 4 5];
>> poly2sym(a)
ans =
x^4 + 2*x^3 + 3*x^2 + 4*x + 5
>> b = polyder(a)
b =
     4    6    6    4
```

将结果 b 显示为符号多项式：

```
>> poly2sym(b)
ans =
4*x^3 + 6*x^2 + 6*x + 4
```

即得 $f'(x) = 4x^3 + 6x^2 + 6x + 4$。

【例 2.27】　求有理分式 $f(x) = \dfrac{1}{x^2 + 1}$ 的导数。

```
>> a = 1;
>> b = [1,0,1];
>> [q,d] = polyder(a,b)
q =
    -2    0
d =
     1    0    2    0    1
```

即得 $f'(x) = \dfrac{-2x}{x^4 + 2x^2 + 1}$。

（2）多项式积分

MATLAB 提供了 polyint 函数计算积分，其调用格式如下：

➤ q = polyint(p,k)：返回多项式 p 的积分，设积分的常数项为 k；

➤ q = polyint(p)：返回多项式 p 的积分，设积分的常数项为 0。

【例 2.28】 已知 $f(x) = x^3 + 2x^2 + 5x + 7$，求其积分表达式，考虑积分常数为 0。

```
>> p = [1 2 5 7];
>> y = polyint(p)
y =
    0.2500    0.6667    2.5000    7.0000         0
>> y = poly2sym(y)
y =
x^4 /4 + (2 * x^3) /3 + (5 * x^2) /2 + 7 * x
```

即得 $\int f(x)\, dx = \dfrac{x^4}{4} + \dfrac{2x^3}{3} + \dfrac{5x^2}{2} + 7x$。

3. 多项式的值

MATLAB 提供了两种求多项式值的函数：polyval 与 polyvalm，它们的输入参数均为多项式的系数向量 p 和自变量 x。两者的区别在于前者是代数多项式求值，而后者是矩阵多项式求值。

（1）代数多项式求值

polyval 函数用来求代数多项式的值，其调用格式为：

```
y = polyval(p,x)
```

若 x 为一数值，则求多项式在该点的值；若 x 为向量或矩阵，则对向量或矩阵中的每个元素求其多项式的值。

【例 2.29】 已知多项式 $3x^4 - 7x^3 + 2x^2 + x$，分别计算 $x = 2.5$ 及 x 取 1~6 时多项式的值。

```
>> p = [3, -7,2,1,1];
>> x = 2.5;
>> y1 = polyval(p,x)
y1 =
   23.8125
>> x = [1 2 3;4 5 6];
>> y2 = polyval(p,x)
y2 =
        0         3        76
      357      1056      2455
```

（2）矩阵多项式求值

polyvalm 函数用来求矩阵多项式的值，其调用格式与 polyval 的相同，但含义不同。polyvalm 函数要求 X 为方阵，它以方阵为自变量求多项式的值。设 X 为方阵，p 代表多项式 $2x^2 + x + 1$，那么 polyvalm(p,X) 的含义为：

```
2 * X * X + X + 1 * eye(size(X))
```

而 polyval(p,X) 的含义为求 X 中每个元素多项式 p 的值。

【例 2.30】　已知多项式 $x^3 + 2x - 1$，以矩阵 $A = \begin{bmatrix} -1 & 0 \\ 5 & 2 \end{bmatrix}$ 为自变量，分别用函数 polyval 和 polyvalm 求多项式的值。

```
>> p = [1,0,2,-1];
>> A = [-1 0;5 2];
>> y1 = polyval(p,A)
y1 =
     -4     -1
    134     11
>> y2 = polyvalm(p,A)
y2 =
     -4      0
     25     11
```

4. 多项式的根

n 次多项式具有 n 个根，这些根可能是实根，也可能含有若干对共轭复根。MATLAB 提供的 roots 函数用于求多项式的全部根，其调用格式为：

```
r = roots(p)
```

其中，p 为多项式的系数向量，求得的根赋给向量 r，即 $r(1),r(2),\cdots,r(n)$ 分别代表多项式的 n 个根。

若已知多项式的全部根，则可以用 poly 函数建立起该多项式，其调用格式为：

```
p = poly(r)
```

其中，r 为具有 n 个元素的向量。poly(r) 建立以 x 为其根的多项式，且将该多项式的系数赋给向量 p。

【例 2.31】　已知 $f(x) = 2x^4 - 4x^3 + 3x - 1$，

（1）计算 $f(x) = 0$ 的全部根。

（2）由方程 $f(x) = 0$ 的根构造一个多项式 $g(x)$。

```
>> p = [2,-4,0,3,-1];
>> r = roots(p)
```

```
r =
    -0.8546
     1.4516
     1.0000
     0.4030
>> g = poly(r)
g =
     1.0000    -2.0000     0.0000     1.5000    -0.5000
```

即 $g(x) = x^4 - 2x^3 + 1.5x - 0.5$，显然 $g(x)$ 和 $f(x)$ 成倍数关系。

2.2.3 线性方程组求解

基于线性代数的相关理论，可以借助逆矩阵来求解线性方程组 $A*X = B$，解为 $X = A^{-1}*B$。

对于方程 $A*X = B$，A 为 $m \times n$ 矩阵，有三种情况：

➤ 当 $m = n$ 时，此方程成为"恰定"方程；

➤ 当 $m > n$ 时，此方程成为"超定"方程；

➤ 当 $m < n$ 时，此方程成为"欠定"方程。

MATLAB 定义的除运算可以很方便地求解上述三种方程。MATLAB 中有两种除运算：左除和右除。左除表示为 $A \backslash B = A^{-1}B$，要求 A 为方矩阵；右除表示为 $A/B = AB^{-1}$，要求 B 为方矩阵。

➤ 当 A 为非奇异矩阵时，使用 $X = A \backslash B$ 或 $X = inv(A)*B$ 即可求得方程组的解；

➤ 当 A 为奇异矩阵或非方阵时，使用 $X = A \backslash B$ 或 $X = pinv(A)*B$ 求得方程组的解。

1. 恰定方程组的解，对于系数矩阵 $A(m,n)$，$m = n$

【例 2.32】 求下列方程组的解。

$$\begin{cases} 3x + 5y - 2z = 8 \\ x - 2y + 4z = 16 \\ 2x + 3y + z = 18 \end{cases}$$

```
>> A = [3 5 -2;1 -2 4;2 3 1];
>> B = [8;16;18];
```

矩阵求逆得解：

```
>> X = inv(A)*B
X =
   -0.0000
    4.0000
    6.0000
```

```
>> X = A\B
X =
   -0.0000
    4.0000
    6.0000
```

2. 超定方程组的解，对于系数矩阵 $A(m,n)$，$m > n$

【例 2.33】　求下列方程组的解。

$$\begin{cases} x_1 + 2x_2 = 1 \\ 2x_1 + 3x_2 = 2 \\ 3x_1 + 4x_2 = 3 \end{cases}$$

```
>> A = [1 2;2 3;3 4];
>> B = [1;2;3];
```

矩阵求逆得解：

```
>> X = A \B
X =
   1.0000
   0.0000
```

```
>> X = inv(A' * A) * A' * B
X =
   1.0000
   0.0000
```

3. 欠定方程组的解，对于系数矩阵 $A(m,n)$，$m < n$

【例 2.34】　求下列方程组的解。

$$\begin{cases} x_1 + 2x_2 + 3x_3 = 1 \\ 2x_1 + 3x_2 + 4x_3 = 2 \end{cases}$$

```
>> A = [1 2 3;2 3 4];
>> B = [1;2];
```

矩阵求逆得解：

```
>> X = A \B
X =
   1
   0
   0
```

```
>> X = pinv(A) * B
X =
   0.8333
   0.3333
  -0.1667
```

2.3　符号运算

在科学研究和工程应用中，除了存在大量的数值计算外，还有对符号对象进行的运算，即在运算时无须事先对变量进行赋值，而是将所得到的结果以标准的符号形式来表示。MATLAB 的符号运算是通过集成在 MATLAB 中的符号数学工具箱（Symbolic Math Toolbox）来实现的。符号数学工具箱的功能建立在 Maple 软件的基础上，该软件最初是由加拿大的 Waterloo 大学开发的。当用户要求 MATLAB 进行符号运算时，它就转入 Maple 去计算并将结果返回到 MATLAB 命令行窗口。

MATLAB 中的符号运算在处理数字功能的自然扩展，复杂方程的推导、证明，系统的公式转换等方面具有快速和计算精确的优势。应用符号计算功能，可直接对抽象的符号对象进行各种计算，从而获得问题的解析结果。

2.3.1 创建符号对象

MATLAB 语言中，提供了两个建立符号的函数：sym 和 syms，两个函数用法不同。

（1）sym 函数

sym 函数可以用来创建单个符号量，一般调用格式为：

符号量名 = sym('符号字符串')

该函数可以建立一个符号量，符号字符串可以是常量、变量、表达式。例如：

>>a = sym('a')   % 建立符号变量 a

该语句表示创建符号变量 a，名为 a，将这符号变量存储为 a。还有其他语法形式，如 a = sym('a', 'real')，是将 a 符号变量定义为实数符号变量，并存储给 a；a = sym('a', 'positive')，表示创建正数符号变量等。sym 函数还有其他形式的调用方式，表 2.10 为 sym 函数的 5 种基本调用方式汇总及含义。

表 2.10　sym 函数调用格式

调用格式	说明
sym('x')	创建符号变量 x
sym('a', [n1,…,nM])	创建一个由自动生成的元素填充的 $n_1 \times n_2 \times \cdots \times n_M$ 的符号数组
sym('A', n)	创建一个由自动生成的元素填充的 $n \times n$ 符号矩阵
sym('a', n)	创建一个由 n 个自动生成的元素组成的符号数组
sym(__, set)	通过 set 设置符号表达式的格式

【例 2.35】　创建符号变量。

```
>> a = sym('a');            % 定义符号变量 a
>> b = a^2 + a + 5          % 符号运算
b =
a^2 + a + 5
>> x = 4;                   % 定义数值变量 x
>> b = x^2 + x + 5          % 数值运算
b =
    25
>> whos
  Name      Size          Bytes  Class     Attributes
  a         1x1               8  sym
```

```
b          1x1                 8  double
x          1x1                 8  double
```

（2）syms 函数

函数 sym 一次只能定义一个符号变量，使用不方便。MATLAB 提供了另一个函数 syms。syms 函数是一次创建多个符号对象的快捷命令，其一般调用格式为：

```
>> syms x y z a b c;
```

用这种格式定义符号变量时，不要在变量名上加字符串分界符"' '"，变量间用空格而不要用逗号分隔。

2.3.2　符号对象运算

1. 符号矩阵

（1）创建符号矩阵

【例 2.36】　分别使用函数 sym 和 syms 创建符号矩阵。

sym 函数创建符号矩阵：

方法 1：

```
>> A = sym('a',[1 4])
A =
[a1, a2, a3, a4]
```

方法 2：

```
>> A = sym('A',2)
A =
[ A1_1, A1_2]
[ A2_1, A2_2]
```

syms 函数创建符号矩阵：

```
>> syms a b c d
>> A =[a b;c d]
A =
[ a, b]
[ c, d]
```

（2）符号矩阵运算

【例 2.37】　符号矩阵运算。

```
>> syms y t;
>> y =[cos(t),-sin(t);sin(t),-cos(t)];
```

求符号矩阵的转置：

```
>> transpose(y)
ans =
[ cos(t),  sin(t)]
[ -sin(t),-cos(t)]
```

求符号矩阵的逆：

```
>> inv(y)
ans =
[ cos(t)/(cos(t)^2 -sin(t)^2),-sin(t)/(cos(t)^2 -sin(t)^2)]
[ sin(t)/(cos(t)^2 -sin(t)^2),-cos(t)/(cos(t)^2 -sin(t)^2)]
>> simplify(inv(y))      % 简化符号矩阵结果
ans =
[  cos(t)/(2*cos(t)^2 -1),  sin(t)/(2*sin(t)^2 -1)]
[ -sin(t)/(2*sin(t)^2 -1),-cos(t)/(2*cos(t)^2 -1)]
```

求符号矩阵的行列式：

```
>> det(y)
ans =
sin(t)^2 -cos(t)^2
```

符号矩阵的运算不限于线性代数中的求逆、求行列式等，还涉及特征向量、奇异值、Jordan 标准型等的运算。实现方式如下。

➤ 符号矩阵的特征值、特征向量运算：可以通过函数 eig, eigensys 来实现；

➤ 符号矩阵的奇异值运算：可以通过函数 svd, singavals 来实现；

➤ 符号矩阵的 Jordan 标准型运算：可以通过函数 jordan 来实现。

2. 符号多项式

（1）符号多项式与多项式系数向量之间的转换

【例 2.38】 符号多项式与多项式系数向量之间的转换。

sym2poly 函数的使用：

```
>> syms x;P =x^5 +2*x^4 +5*x^3 +13 +x;
>> P =sym2poly(P)      % 由符号多项式构成系数多项式
P =
    1    2    5    0    1    13
```

poly2sym 函数的使用：

```
>> poly2sym(P)         % 由系数多项式构成符号多项式
ans =
```

```
x^5 +2 * x^4 +5 * x^3 +x +13
```

（2）符号多项式运算

常用的 5 种运算命令见表 2.11。

表 2.11　符号表达式的简化

命令	说明
collect	合并同类项
expand	符号多项式展开
factor	因式分解
simplify	简化符号表达式
symsum	级数求和

【例 2.39】　符号多项式运算。

因式分解（factor 函数）：

```
>> syms x y;
>> p1 = x^3 -y^3 ;
>> factor(p1)
ans =
[ x -y, x^2 +x * y +y^2]
```

多项式展开（expand 函数）：

```
>> p2 = ( -3 * x^2 +5 * y^2) * (x^2 -4 * y^2);
>> expand(p2)
ans =
-3 * x^4 +17 * x^2 * y^2 -20 * y^4
```

简化多项式（simplify 函数）：

```
>> simplify(p1 * p2)
ans =
-(x^3 -y^3) * (x^2 -4 * y^2) * (3 * x^2 -5 * y^2)
```

3. 符号方程求解

MATLAB 用 solve 函数求解符号方程。如果表达式不是一个方程（无等号），则在求解之前自动将表达式的值设置为 0。solve 函数可求解 $f(x) =0$ 或 $y(x) =f(x)$ 两种形式的代数方程。

【例 2.40】　求解方程 $f(x) =0$。

```
>> syms a b c x
>> f = a * x^2 + b * x + c
f =
a * x^2 + b * x + c
```

用 solve 函数求解：

```
>> solve( f )
ans =
 -( b + ( b^2 - 4 * a * c )^( 1 /2 ) ) /( 2 * a )
 -( b - ( b^2 - 4 * a * c )^( 1 /2 ) ) /( 2 * a )
```

【例 2.41】 求解方程 $y(x) = f(x)$。

```
>> syms a x;
>> q = 1 /( x + 2 ) + a == 1 /( x - 2 );
>> x = solve( q,x )
x =
 -( 2 * ( a * ( a + 1 ) )^( 1 /2 ) ) /a
  ( 2 * ( a * ( a + 1 ) )^( 1 /2 ) ) /a
```

2.3.3 符号微积分

1. 符号极限

在 MATLAB 中求函数极限的函数是 limit，可用来求函数在指定点的极限值和左右极限值。对于极限值为"没有定义"的极限，MATLAB 给出的结果为 NaN；极限值为无穷大时，MATLAB 给出的结果为 inf。limit 函数的调用格式如下：

➤ limit(f)：计算 $\lim\limits_{x \to 0} f(x)$，其中，$f$ 是符号函数；

➤ limit(f,x,a)：计算 $\lim\limits_{x \to a} f(x)$，其中，$f$ 是符号函数；

➤ limit(f,x,inf)：计算 $\lim\limits_{x \to \infty} f(x)$，其中，$f$ 是符号函数；

➤ limit(f,x,a,'right')：计算 $\lim\limits_{x \to a^+} f(x)$，其中，'right' 表示变量从右边趋近于 a，f 是符号函数；

➤ limit(f,x,a,'left')：计算 $\lim\limits_{x \to a^-} f(x)$，其中，'left' 表示变量从左边趋近于 a，f 是符号函数。

【例 2.42】 求下列极限。

(1) $\lim\limits_{x \to 0} (1 + 4x)^{\frac{1}{x}}$

(2) $\lim\limits_{x \to 0} \dfrac{e^x - 1}{x}$

(3) $\lim\limits_{h \to 0} \dfrac{\sin(x + h) - \sin(x)}{h}$

(4) $\lim\limits_{x \to \infty} \left(1 + \dfrac{t}{x}\right)^x$

极限（1）的求解：

```
>> syms x
>> f = (1 + 4 * x)^(1/x);
>> limit(f)
ans =
exp(4)
```

极限（2）的求解：

```
>> f = str2sym('(exp(x) - 1)/x');
>> limit(f)
ans =
1
```

极限（3）的求解：

```
>> syms x h
>> f = (sin(x + h) - sin(x))/h;
>> limit(f,h,0)
ans =
cos(x)
```

极限（4）的求解：

```
>> f = str2sym('(1 + (t/x))^x');
>> limit(f,inf)
ans =
exp(t)
```

2. 符号导数

（1）函数的导数和高阶导数

diff 函数用于对符号表达式求导，一般调用格式如下：

➤ y = diff(f)：默认以 x 为自变量求 f 的一阶导数，其中，f 为符号函数；

➤ y = diff(f,'z')：以 z 为自变量求导数，默认为 1 阶，其中，f 为符号函数；

➤ y = diff(f,x,n)：默认 x 为自变量求 n 阶导数，其中，f 为符号函数。

【例 2.43】 求函数 $f(x) = \dfrac{\sin(x)}{x^2 + 4x + 3}$ 的一阶导数和函数 $y = \cos x^2$ 的三阶导数。

求 $f'(x)$：

```
>> syms x;
>> f = sin(x)/(x^2 + 4 * x + 3);
>> f1 = diff(f)
```

```
f1 =
cos(x)/(x^2 +4*x+3)-(sin(x)*(2*x+4))/(x^2 +4*x+3)^2
>> pretty(f1)      % 以习惯方式显示符号表达式
   cos(x)          sin(x)(2 x +4)
 ---------------------------
 2                        2                2
 x   + 4 x +3    (x   + 4 x +3)
```

求 y''':

```
>>syms x;
>> y = cos(x^2);
>> y3 = diff(y,3)
y3 =
8*x^3*sin(x^2)-12*x*cos(x^2)
```

（2）多元函数的偏导

已知二元函数 $f(x,y)$，求 $\dfrac{\partial^{m+n} f}{\partial^m x \partial^n y}$，调用格式：

➤ $f = \mathrm{diff}(\mathrm{diff}(f,x,m),y,n)$

➤ $f = \mathrm{diff}(\mathrm{diff}(f,y,n),x,m)$

【例 2.44】　求 $z = f(x,y) = (x^2 - 2x)\,\mathrm{e}^{-x^2 - y^2 - xy}$ 的偏导数。

z 对 x 的偏导：

```
>> syms x y;
>> z = (x^2 -2*x)*exp(-x^2 -y^2 -x*y);
>> zx = simplify(diff(z,x))      % 寻找最简短形式的符号解
zx =
exp(-x^2 -x*y-y^2)*(2*x+2*x*y-x^2*y+4*x^2 -2*x^3 -2)
```

z 对 y 的偏导：

```
>> zy = diff(z,y)
zy =
exp(-x^2 -x*y-y^2)*(-x^2 +2*x)*(x+2*y)
```

3. 符号积分

高等数学中求符号积分是较费时间的事情，MATLAB 提供了快速求出符号积分的函数供用户使用，符号积分由函数 int 来实现，一般调用格式为：

➤ $\mathrm{int}(f)$：求函数 f 对默认变量的不定积分，用于函数只有一个变量；

➤ $\mathrm{int}(f,v)$：以 v 为自变量，求函数 f 的不定积分；

> int(f,v,a,b)：求函数 f 在 (a,b) 上的定积分，其中 a，b 分别表示定积分的下限和上限。

【例 2.45】　分别求下列积分。

(1) $f(x) = \dfrac{\cos x - \sin x(2x+4)}{(x^2+4x+3)^2}$，求 $\int f(x)\,dx$。

(2) $f(x) = \dfrac{1}{x^2+1}$，求 $\int_a^b f(x)\,dx$。

(3) $F(x,y,z) = -4ze^{-x^2y-z^2}\big[\cos(x^2y) - 10\cos(x^2y)yx^2 + 4x^4\sin(x^2y)y^2 + 4\cos(x^2y)x^4y^2 - \sin(x^2y)\big]$，求 $\iiint F(x,y,z)\,dx^2dydz$。

积分（1）的求解：

```
>> syms x;
>> f = cos(x)/(x^2+4*x+3) - (sin(x)*(2*x+4))/(x^2+4*x+3)^2;
>> int(f)
ans =
sin(x)/(x^2+4*x+3)
```

积分（2）的求解：

```
>> syms x a b;
>> f = 1/(x^2+1);
>> int(f,a,b)
ans =
atan(b) - atan(a)
```

积分（3）的求解，积分顺序为 $z \rightarrow y \rightarrow x \rightarrow x$：

```
>> syms x y z;
>> f0 = -4*z*exp(-x^2*y-z^2)*(cos(x^2*y) -10*cos(x^2*
y)*y*x^2 +...
4*sin(x^2*y)*x^4*y^2 +4*cos(x^2*y)*x^4*y^2 - sin(x^2*
y));
>> f1 = int(f0,z);
>> f1 = int(f1,y);
>> f1 = int(f1,x);
>> f1 = simplify(int(f1,x))
f1 =
sin(x^2*y)*exp(-y*x^2-z^2)
```

积分（3）的求解，积分顺序改为 $z \rightarrow x \rightarrow x \rightarrow y$：

```
>> f2 = int(f0,z);
>> f2 = int(f2,x);
>> f2 = int(f2,x);
>> f2 = simplify(int(f2,y))
f2 =
sin(x^2 * y) * exp( -y * x^2 - z^2)
```

显然，f_1 和 f_2 的最简形式相同，MATLAB 中积分顺序不同不影响最终的最简积分结果。

2.4　本章小结

本章主要内容为 MATLAB 的基本运算，首先介绍了矩阵创建和访问的几种方法，并举例说明，然后给出实例，讨论了矩阵的多种运算方式，接着总结了常用的矩阵函数和基本数学函数。另外，对 MATLAB 的数值运算如多项式运算和线性方程组求解进行了简介，并举例说明。最后阐述了符号运算的内容，其中符号矩阵在机器人学方面应用广泛，符号微积分为高等数学计算提供了方便，本章使用了大量实例进行了详细说明。

习题

1. 已知矩阵 $A = \begin{bmatrix} 2 & 1 & -1 \\ 0 & 2 & 0 \\ 3 & 4 & 2 \end{bmatrix}$，完成下列操作指令：

（1）求矩阵的大小和维数。

（2）将矩阵的第 7 号元素与第 8 号元素对换位置。

（3）将矩阵中的每个元素值加 30。

（4）顺时针旋转 90°。

2. 已知矩阵 $a = \begin{bmatrix} 2 & 1 & -1 \\ 0 & 2 & 0 \\ 3 & 4 & 2 \end{bmatrix}$，$b = \begin{bmatrix} 1 & 0 & 4 \\ 0 & 1 & 0 \\ 2 & 0 & 3 \end{bmatrix}$。

（1）计算 $a*b$，$a.*b$，a/b，$a\backslash b$，分析结果。

（2）计算 $\cos a$，$a_{ij}^{b_{ij}}$（$3 \leqslant i$，$j \leqslant 3$）。

3. 求多项式 $x^7 - 2x^5 - 3x^4 + x + 5 = 0$ 的根，求其对 x 的一阶、二阶微分多项式。

4. 求下列方程组的一个解。

（1）$\begin{cases} 2x + 3y - z = 3 \\ x + y + 5z = 6 \\ -x - y + 3z = 3 \end{cases}$　　　（2）$\begin{cases} x + y + z = 6 \\ x - 2y + 3z = 7 \end{cases}$

5. 已知 $\boldsymbol{A} = \begin{bmatrix} a & 4 & d \\ 3 & b & 6 \\ e-3 & f & c \end{bmatrix}$，求 $\boldsymbol{A}^{\mathrm{T}}$、$\boldsymbol{A}'$、$|\boldsymbol{A}|$。

6. 设 $f(x) = x^4 - 2x^2 + 1$，$g(x) = x^3 + 5x^2 + 2x - 4$。求：

（1）$f(x) - g(x)$。 （2）$f(x) \times g(x)$，并化为最简形式。

（3）因式分解 $f(x)$。 （4）$af(x) + bg(x) = 0$ 的解。

7. 求下列极限。

（1）$\lim\limits_{x \to +\infty} x(\sqrt{x^2+1} - x)$ （2）$\lim\limits_{x \to 0^+} (\cot x)^{\frac{1}{\ln x}}$

8. 求下列微分或积分。

（1）$y = \sqrt{x + \sqrt{x + \sqrt{x}}}$，求 y'，y''。

（2）$z = x^6 - 3y^4 + 2x^2y^2$，求 z''_{xy}。

（3）求 $\int e^x (1 + e^x)^2 \mathrm{d}x$。

（4）求 $\int \dfrac{1}{x^4 + 1} \mathrm{d}x$。

第 3 章
MATLAB 程序设计

MATLAB 作为一种高级计算机语言，有两种常用的工作方式：交互式命令行操作方式和 M 文件编程工作方式。对于一些简单的问题，用户在命令行窗口中输入命令即可解决；而对于复杂的问题，用户可以在 M 文件的编程工作方式下，利用 MATLAB 进行逻辑计算、流程控制和变量重复验证等操作，编制一种扩展名为 ".m" 的 MATLAB 程序，简称为 M 文件。

3.1　M 文件

MATLAB 程序的 M 文件可以根据调用方式的不同分为两类：脚本文件（Script File）和函数文件（Function File），它们都是由普通的 ASCII 码构成的文本文件。MATLAB 程序设计的主要方式是通过函数 M 文件来完成的。

对于 M 文件的命名，规则如下：

➢ MATLAB 只能识别文件名的前 31 个字符。

➢ 文件名要用英文字符，并且第一个字符必须为字母，其余字符可以是字母、数字和下划线。

➢ 文件名不要与 MATLAB 固有函数名相同，以免造成不必要的错误。命名最好由大小写字母、数字、下划线等组成。

➢ 文件名不能为多个单词，如 random walk，应该写成 random_walk，即中间不能有空格等非法字符。

3.1.1　脚本 M 文件

脚本文件也叫命令文件，是独立执行的文件，它不接受输入参数，不返回任何值，是最简单的 M 文件。它允许用户将一系列 MATLAB 命令输入一个简单的脚本 ".m" 文件中，只要在 MATLAB 命令行窗口中执行该文件，就会一次性执行该文件中的全部命令。

若要执行脚本 M 文件，用户仅需在命令行窗口键入该文件的文件名，MATLAB 就会按照命令出现在脚本文件中的顺序依次执行，并将结果直接返回到 MATLAB 的工作空间。在运行过程中，产生的所有变量都是工作空间变量，这些变量一旦生成，就一直保存在命令内存空间中，直到用 clear 命令将其消除或退出 MATLAB 为止。

　　值得注意的是，MATLAB 的一切操作都是在它的搜索路径下完成的，如果用户所调用的函数不在该路径下，MATLAB 就会认为此函数不存在。

　　【例 3.1】　绘制花瓣图形。

　　在程序编辑窗口编写以下语句，并以 script_examp. m 为名存入相应的子目录。

```
% 注释行
% M 文件示例
% "flower petal"
% 以下为代码行
% 计算
theta = -pi:0.01:pi;              % 设置角度向量,分度为 0.01
rho(1,:) =2*sin(5*theta).^2;      % 计算频率为 5 的正弦函数平方
rho(2,:) =cos(10*theta).^3;
rho(3,:) =sin(theta).^2;
rho(4,:) =5*cos(3.5*theta).^3;
for k =1:4                        % 设置循环次数
% 图形输出
    subplot(2,2,k)
    polar(theta,rho(k,:))         % 绘制极坐标图
end
disp('程序运行结束! ')
```

在命令行窗口输入以下命令：

```
>> script_examp
```

MATLAB 会出现相应的结果，如图 3.1 所示。

程序运行结束!

　　【注】文件中所涉及的 disp 命令的使用方法详见 3.2.3 小节。

3.1.2　函数 M 文件

　　函数 M 文件是由文本编辑器所创建的外部文本文件，同脚本 M 文件一样，不进入命令窗口。函数 M 文件不是独立执行的文件，它能够接受用户输入的参数进行计算，并将计算结果作为函数的返回值返回给调用者，但是在函数内存在的中间变量不出现在 MATLAB 工作空间。

　　事实上，MATLAB 中含有多种不同类型的函数文件：内装函数文件、系统 M 函数文件、系统 MEX 函数文件、用户自定义 MEX 函数文件和用户自定义 M 函数文件。另外，用户还可通过编写函数 M 文件来扩展 MATLAB 的功能。

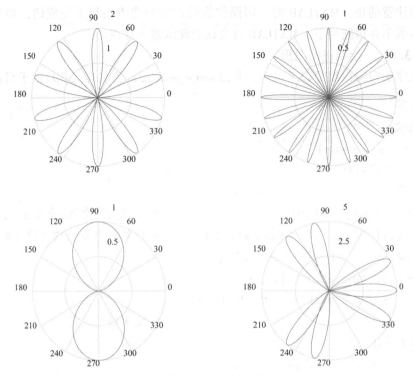

图 3.1　用脚本文件绘制花瓣图案

1. 函数 M 文件的结构

一个完整的函数 M 文件的结构如下：

```
function f = fact(n)                                    % 函数定义语句
% Compute a factorial value                             % H1 帮助行
% FACT(N) returns the factorial of N, usually denoted by N!   % 帮助文本
% Put simply, FACT(N) is PROD(1:N).                     % 注释语句
f = prod(1:n);                                          % 函数体
end
```

因此，函数 M 文件通常由以下五个部分构成：

（1）函数定义语句

函数定义语句的格式为：

```
function [输出形参表] = 函数名(输入形参表)
```

它表明该 M 文件包含一个函数，并且定义了函数名、输入和输出参数。

例如，"function f = fact(n)" 就是函数 fact 的定义语句，存储在名为 fact. m 文件中。其中，function 为关键词；f 为输出参数；fact 为函数名；n 为输入参数。

函数文件可以带有多个输入和输出参数，如 function [x, y, z] = sphere (theta, phi, rho)；也可以没有输入或输出参数，如 function sphere(x)。

【注】函数名和文件名必须相同。

（2）H1 帮助行

H1 帮助行是紧接函数定义语句后一行的注释语句，反映了 M 文件概括性的信息，一般包含大写的函数文件及功能简要描述。用户可以通过 lookfor 命令搜索所需函数，lookfor 命令只检索和显示 H1 行，详见 1.2.3 小节。

例如，在 MATLAB 命令行窗口中输入下面的命令：

```
>> lookfor fact
```

在 MATLAB 的命令窗口中就会显示：

```
fact            -Compute a factorial value
DHFactor        -Simplify symbolic link transform expressions
chol            -Cholesky factorization
.....
```

（3）帮助文本

帮助文本紧接在 H1 帮助行之后，用于详细介绍函数的功能和用法及其他说明，更重要的是，为用户自己的函数文件建立查询信息。用户可以通过命令 help 查询函数，在命令行窗口中查询函数的说明信息时，窗口会显示 H1 行与帮助文本的内容（help 命令的使用详见 1.2.3 小节）。

例如，在 MATLAB 命令行窗口中输入下面的命令：

```
>> help fact
```

在 MATLAB 的命令窗口中就会显示：

```
Compute a factorial value
fact(N) returns the factorial of N, usually denoted by N!
Put simply,fact(N) is PROD(1:N).
```

（4）函数体

函数体是 M 文件的主要部分，完成函数的功能。在函数体中可以完成调用函数、流程控制、计算、赋值、注释等内容。

（5）注释语句

注释语句以%（百分号）开头，可以出现在一行的开始，也可以跟在一条可执行语句的后面，但必须在同一行。书写代码时，添加注释语句可以增加程序可读性，并且注释语句在编译程序时会被忽略，不会影响编译速度和程序运行速度。

【例 3.2】　编写函数文件求解 $n!$。

在程序编辑窗口中编写以下语句，并以 jch. m 为名存入相应的子目录。

```
function f = jch(n)
f = 1;
```

```
for i = 2:n
    f = f * i;
end
```

在 MATLAB 命令行窗口中输入下面的命令：

```
>> jch(10)
```

MATLAB 会出现相应的结果：

```
ans =
    3628800
```

下面利用编写的 jch 函数来求解 $s = 1! + 2! + \cdots + n!$。

```
function f = sjch(n)
f = 0;
for i = 1:n
    f = f + jch(i);                    % 调用函数 jch
end
```

【例 3.3】 设可逆矩阵 A，编写同时求 $|A|$，A^2，A^{-1}，A' 的函数 M 文件。
在程序编辑窗口中编写以下语句，并以 comp4. m 为名存入相应的子目录。

```
function [da,a2,inva,traa] = comp4(x)
da = det(x);
a2 = x^2;
inva = inv(x);
traa = x';
```

在 MATLAB 命令行窗口中输入下面的命令：

```
>> A = [1,2;5,8];
>> [a,b,c,d] = comp4(A)
```

MATLAB 会出现相应的结果：

```
a =
  -2.0000
b =
   11    18
   45    74
c =
  -4.0000    1.0000
```

```
     2.5000   −0.5000
d =
     1     5
     2     8
```

2. 函数变量

MATLAB 的变量不仅可以分为输入变量、输出变量和函数内部变量，还可以分为局部变量、全局变量和永久变量。

（1）局部变量

在函数 M 文件内部声明并使用的变量均是局部变量，它和 MATLAB 工作区中的同名变量的存储位置不同，是完全不同的变量。

每个函数都有自己的局部变量，这些变量存储在各自函数独立的工作区中，与其他函数的变量及主工作区中的变量分开存储。函数内部变量仅能在函数调用执行期间被使用，一旦函数调用结束，其占用的内存空间将被自动释放，内部变量随之删除。因此，除了函数返回值，被调用函数不改变工作区中其他变量的数值。

而脚本文件与函数文件不同，脚本文件没有独立的工作区。通过命令行窗口调用脚本文件时，脚本文件分享主工作区；当函数调用脚本文件时，脚本文件分享主调函数的工作区。如果脚本中改变了工作区中变量的值，则在脚本文件调用结束后，该变量的值发生改变。

【例 3.4】　局部变量的示例。

在程序编辑窗口中编写以下语句，并以 local. m 为名存入相应的子目录。

```
function local
x = rand(2,2);
y = zeros(2,2);
z = '函数中的变量';
u = {x,y,z};
disp(z)
whos
end
```

在 MATLAB 命令行窗口中输入下面的命令并得出结果。

```
>> local
函数中的变量
Name      Size      Bytes     Class     Attributes
  u       1x3       412       cell
  x       2x2       32        double
  y       2x2       32        double
```

```
    z        1x6      12       char
>> whos

>>
```

从上面的结果可知，函数调用结束后，执行 whos 无变量信息输出。因此，函数调用结束后，函数内部变量不改变主工作区中变量的值。

（2）全局变量

用户为了在整个 MATLAB 工作空间进行函数间变量的操作与数据共享，需要使用全局变量，可通过 global 函数来定义全局变量。全局变量的声明格式如下：

```
global 变量名 1 变量名 2
```

其含义是将变量 1 和变量 2 这两个变量定义为全局变量。

与局部变量不同，全局变量可以在定义该变量的全部工作区中有效。当在一个工作区内改变变量的值时，该变量在其他工作区中的变量值也同时发生改变。需要注意的是，任何函数在使用全局变量前必须先声明，即便是在命令行窗口中也不例外。如果一个 M 文件中包含的子函数需要访问全局变量，则需要在子函数中声明该变量；如果用户需要在命令行窗口中访问该变量，也需在命令行窗口中声明该变量。

值得注意的是，变量名的书写是区分大小写的，习惯上用大写字母来定义全局变量。

（3）永久变量

除了局部变量和全局变量外，MATLAB 中还有一类变量被声明为 persistent，译为永久变量。这类变量在函数退出时不被释放，当函数再次被调用时，这些变量保留上次函数退出时的数值。永久变量的声明格式如下：

```
persistent 变量名 1 变量名 2
```

例如：

```
persistent(X Y Z)
```

永久变量具有以下特点：

➢ 永久变量与全局变量类似，但是只能在 M 文件内部定义，它的范围被限制在声明变量的函数内部，不允许其他函数对其进行改变。

➢ 只有该变量从属的函数能够访问该变量。

➢ 当函数运行结束时，永久变量的值保留在内存中。只要 M 文件还在 MATLAB 的内存中，永久变量就存在。因此，当用户再次调用该函数时，可再次利用这些永久变量。

3. 函数参数的可调性

函数调用的变量不可多于函数 M 文件中所规定的输入和输出变量。如果输入与输出变量数多于 M 文件的函数定义句中所规定的数目，则调用时自动返回一个错误。

在命令窗口中，函数调用的一般格式为：

```
[输出实参表] = 函数名(输入实参表)
```

例如：

```
[V,D] = eig(A)
```

在调用函数时，MATLAB 用 nargin 和 nargout 两个函数分别记录调用该函数时的输入实参和输出实参的个数。只要在函数文件中包含这两个函数，就可以准确地知道该函数文件被调用时的输入、输出参数个数，从而决定如何处理函数。

在函数体内部用 nargin（或 nargout）确定用户提供的输入（或输出）参数个数。在函数体外部用 nargin（或 nargout）确定一个给定的函数的输入（或输出）参数的个数。如果函数的参数的数目是可变的，则返回一个负值。

函数的具体使用如下：

➢ nargin( )，nargout( )：返回输入、输出参数个数。

➢ nargin(fun)，nargout(fun)：返回 fun 函数的输入、输出参数个数。

【注】 nargin( ) 和 nargout( ) 是函数而不是变量，用户不能对其进行重新赋值。

【例 3.5】　nargin 的用法示例。

在程序编辑窗口中编写以下语句，并以 charray. m 为名存入相应的子目录。

```
function fout = charray(a,b,c)
if nargin ==1
    fout = a;
elseif nargin ==2
    fout = a +b;
elseif nargin ==3
    fout = (a * b * c) /2;
end
```

在 MATLAB 命令行窗口中输入下面的命令并得出结果。

```
>>x =[1:3];
>>y =[1;2;3];
>>charray(x)
ans =
    1   2   3
>>charray(x,y')
ans =
    2   4   6
>>charray(x,y,3)
ans =
    21
```

3.1.3　内联函数

利用内联（inline）函数构造函数是用户用来自定义函数的一种方法，一般用于定义一些比较简单的数学函数。在命令行窗口、程序或函数中创建局部函数时，使用 inline 命令构造函数，而不是将其存储为一个 M 文件，同时又可像一般函数那样调用它。

使用 inline 命令构造一个函数对象，调用格式如下：

➢ fun = inline(expr)：其中 expr 是字符串形式的数学表达式，内联函数的输入参数是通过搜索 expr，找到一个除 i、j 以外的孤立小写字母来自动确定的。如果没有找到，将会使用 x 作为缺省的自变量；如果 x 不是唯一的，就使用最靠近 x 且在字母表中靠后的一个字符。

➢ fun = inline(expr, 'x1', 'x2', …, 'xn')：输入参数由 x_1，x_2，…，x_n 确定；

➢ fun = inline(expr, n)：其中，n 是一个标量，输入参数是 x，P_1，P_2，…。

【例 3.6】　使用 inline 命令构建内联函数的示例。

（1）在命令行窗口中输入以下命令：

```
>> f = inline('t^2 -3 * t -4')
```

MATLAB 会出现相应的结果：

```
f =
    内联函数：
    f(t) = t^2 -3 * t -4
```

（2）在命令行窗口中输入以下命令：

```
>> g = inline('3')
```

MATLAB 会出现相应的结果：

```
g =
    内联函数：
    g(x) = 3
```

（3）在命令行窗口中输入以下命令：

```
>> f = inline('x^2 +y^3')
```

MATLAB 会出现相应的结果：

```
f =
        内联函数：
        f(x,y) = x^2 +y^3
>> f(2,3)
ans =
    31
```

【例3.7】　用内联函数来表示 $y = \sin x + \sin^2 x$。

在 MATLAB 命令行窗口中输入下面的命令并得出结果。

```
>> y = inline('sin(x) + sin(x)^2')
y =
    内联函数:
    y(x) = sin(x) + sin(x)^2
>> y(pi/4)
ans =
    1.2071
```

3.2　数据的输入与输出

在程序设计中，经常进行数据的输入与输出以及与其他外部程序进行数据交换的操作。下面将对 MATLAB 常用的数据输入与输出方法进行介绍。

3.2.1　用户输入提示命令 input

input 命令显示用户输入提示，并接受用户输入，其调用格式如下：

➤ x = input(prompt)：在命令行窗口显示提示信息 prompt，等待用户键盘键入数据、字符串、表达式或工作区中的变量，并将输入的信息赋值给变量 x。

➤ x = input(prompt,'s')：返回输入的文本并赋值给变量 x，而不会将输入作为表达式来计算。

【注】如果用户不输入任何内容而直接按 Enter 键，则该命令会返回空矩阵；如果用户在提示下输入无效的表达式，则 MATLAB 会显示相关的错误消息，然后重新显示提示。

【例3.8】　请求一个数值输入，然后将该输入乘以 10 并输出。

在程序编辑窗口中编写以下语句，并以 input_example1.m 为名存入相应的子目录。

```
prompt = 'What is the original value? ';
x = input(prompt)
y = x * 10
```

在 MATLAB 命令行窗口中输入下面的命令并得出结果。

```
>> input_example1
What is the original value? 5
x =
    5
y =
    50
```

【例 3.9】 输入线性方程组的系数矩阵和常数向量，求解方程组。

在程序编辑窗口中编写以下语句，并以 input_example2. m 为名存入相应的子目录。

```
% 输入线性方程组的系数矩阵和常数向量求解方程组
R1 = input('请输入方程组的系数矩阵 A:');
R2 = input('请输入方程组的常数向量 B:');
x = R1 /R2
```

在 MATLAB 命令行窗口中输入下面的命令并得出结果。

```
>> input_example2
请输入方程组的系数矩阵 A:[ 1 2 -2 ; 3 2 1 ; 2 4 3 ]
请输入方程组的常数向量 B:[ 3 2 6 ]
x =
    -0.1020
     0.3878
     0.6531
```

3.2.2 请求键盘输入命令 keyboard

当 keyboard 出现在一个 M 文件中时，如果程序执行过程中遇到该命令，则暂停正在运行的程序，将控制权转交给用户，并允许用户通过键盘进行控制，可输入各种合法的 MATLAB 指令。当程序暂停时，命令行窗口中的提示符将更改为 K >>，指示 MATLAB 处于调试模式。然后用户可以查看或更改变量的值，以查看新值是否产生预期的结果。当用户键入 "return" 后，控制权交还给 M 文件。在 M 文件中使用该命令，对程序的调试及在程序运行中修改变量均较为方便。

【例 3.10】 简单的 keyboard 命令 M 文件示例，熟悉此命令的使用。

在程序编辑窗口中编写以下语句，并以 keyboard_example1. m 为名存入相应的子目录。

```
n = 0:63;
t = 0.01 * (0:63);
x = 2 * sin(4 * pi * t) +5 * sin(8 * pi * t);
subplot(3,1,1)
stem(t,x);
keyboard
subplot(3,1,2)
f = 2 * pi * n /64;
X = fft(x);
plot(f,abs(X))
```

```
subplot(3,1,3)
plot(f,angle(X))
```

当程序运行时，如图 3.2 所示，程序在运行到第 6 条语句 keyboard 时暂停，并在前端出现一个绿色的箭头。此时，在命令行窗口会显示如下暂停提示信息。

```
K >>
```

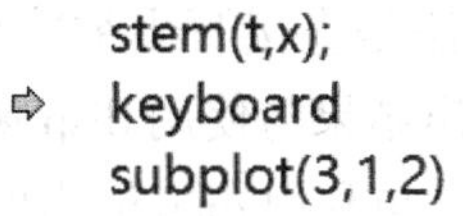

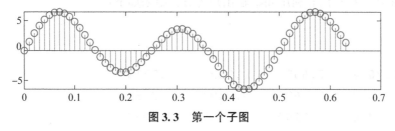

图 3.2　M 文件编辑器界面

同时会有一个图形窗口显示，该图形窗口所画的图形即是程序运行至第 5 条语句时所画的杆状图，即第一个子图 subplot(3,1,1)，如图 3.3 所示。

图 3.3　第一个子图

然后单击"继续运行"按钮，命令窗口恢复到提示符状态，即"＞＞"。
同时显示剩余两个子图，如图 3.4 所示。

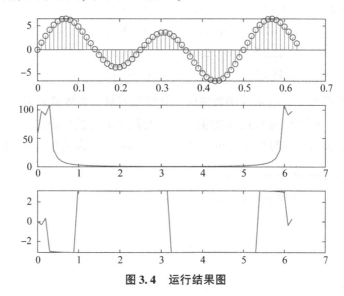

图 3.4　运行结果图

【注】注意事项如下。

➤ 要终止调试模式并继续执行，则使用 dbcont 命令。

➤ 要终止调试模式并退出文件而不完成执行，则使用 dbquit 命令。

3.2.3 屏幕输出语句 disp

MATLAB 提供的命令行窗口输出函数主要有 disp 函数。其调用格式为：

```
disp(输出项)
```

其中输出项是 MATLAB 的变量，输出项既可以是字符串，也可以是矩阵。

事实上，屏幕输出最简单的方法是直接写出欲输出的变量或数组名，后面不加分号。下面的例题将对比展示直接输出结果与使用 disp 函数输出结果的区别。

【例 3.11】 比较分析直接输出与利用 disp 输出的区别，熟悉此命令的使用。

在命令行窗口输入矩阵 A 并赋值如下：

```
A = rand(4);
```

分别采用直接输出和利用 disp 输出矩阵 A，结果如下：

```
>> A
A =
    0.7094    0.6551    0.9597    0.7513
    0.7547    0.1626    0.3404    0.2551
    0.2760    0.1190    0.5853    0.5060
    0.6797    0.4984    0.2238    0.6991
>> disp(A)
    0.7094    0.6551    0.9597    0.7513
    0.7547    0.1626    0.3404    0.2551
    0.2760    0.1190    0.5853    0.5060
    0.6797    0.4984    0.2238    0.6991
```

从结果可以看出，采用 disp 函数输出，其结果不显示矩阵的名字。

【例 3.12】 从键盘输入 x，y 的值，并将它们的值互换后输出。

在程序编辑窗口中编写以下语句，并以 intercahnge.m 为名存入相应的子目录。

```
x = input('Input x please.');
y = input('Input y please.');
z = x;
x = y;
y = z;
disp(x);
disp(y);
```

在 MATLAB 命令行窗口中输入下面的命令并得出结果。

```
>> interchange
Input x please.5
Input y please.10
    10
     5
```

此外，还可以使用 fprintf 命令设置数据的格式并在命令行窗口中显示结果，其具体调用格式如下：

```
fprintf(formatSpec,A1,A2,...,An)
```

按列顺序将 formatSpec 应用于数组 A_1，…，A_n 的所有元素，实际情况中的使用方法见例 3.13。

【例 3.13】　利用 fprintf 函数将多个数值按特定格式输出。

在命令行窗口中输入以下语句并得出结果。

```
>> A1 = [4.3,8500];
>> A2 = [1.2,3;2400,360];
>> formatSpec = 'X is % 3.2f meters or % 8.3f mm \n';
>> fprintf(formatSpec,A1,A2)
X is 4.30 meters or 8500.000 mm
X is 1.20 meters or 2400.000 mm
X is 3.00 meters or   360.000 mm
```

其中，formatSpec 输入中的%3.2f 指定输出中每行的第一个值为浮点数，字段宽度为 3 位数，包括小数点后的两位数；%8.3f 的含义依此类推。

【例 3.14】　利用 fprintf 命令将双精度值转换为整数值并显示。

在命令行窗口中输入以下命令并得到出结果。

```
>> a = [1.02,2.54,3.45];
>> fprintf('% d \n',round(a))
1
3
3
```

其中，formatSpec 输入中的% d 将 round(a) 中的每个值作为有符号整数输出。

3.2.4　其他相关命令

1. echo 命令

通常，函数文件中的语句在执行期间不会显示在屏幕上。echo 命令使文件命令在执行时可见，这对程序的调试与演示非常有用，其调用格式如下：

➤ echo on/off：打开/关闭 echo 命令。

➤ echo：在打开、关闭 echo 命令间切换。

➤ echo filename on/off：打开/关闭文件名为 filename 的 M 文件。

➤ echo on/off all：打开/关闭所有的 M 文件。

【例 3.15】 简单的 echo 命令 M 文件示例，熟悉此命令的使用。

在程序编辑窗口中编写以下语句，并以 echo_example. m 为名存入相应的子目录。

```
n =0:63;
t =0.01 * (0:63);
x =2 * sin(4 * pi * t) +5 * sin(8 * pi * t);
subplot(3,1,1)
stem(t,x);
echo
subplot(3,1,2)
f =2 * pi * n/64;
X =fft(x);
plot(f,abs(X))
subplot(3,1,3)
plot(f,angle(X))
```

在 MATLAB 命令行窗口中输入下面的命令并得到图 3.5 所示的结果图。

```
>> echo_example
subplot(3,1,2)
f =2 * pi * n/64;
X =fft(x);
plot(f,abs(X))
subplot(3,1,3)
plot(f,angle(X))
```

可以发现命令行窗口仅显示 echo 命令之后的 MATLAB 语句，再次运行得到：

```
>> echo_ example
n =0:63;
t =0.01 * (0:63);
x =2 * sin(4 * pi * t) +5 * sin(8 * pi * t);
subplot(3,1,1)
stem(t,x);
echo
```

再次执行 echo 指令后，会关闭 echo 之后的 MATLAB 语句而将前半部分没有打开的

MATLAB 语句呈现在命令行窗口，便于用户在命令行窗口分段对程序进行调试。

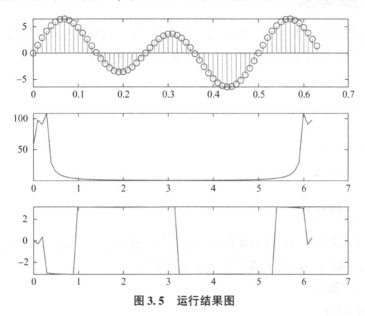

图 3.5 运行结果图

2. 等待用户反映命令 pause

pause 命令暂停程序执行，等待用户反应。其调用格式如下：

➤ pause：暂停程序执行，等待用户反应，用户单击任意键后，程序重新开始执行。

➤ pause(n)：n 秒后继续运行。

➤ pause on：显示并执行 pause 命令。

➤ pause off：显示但不执行该命令。

【注】若要强行中止程序运行，可使用 Ctrl + C 组合键实现。

3.3 程序控制结构

MATLAB 语言的程序控制结构与其他高级语言是一致的，分为顺序结构、选择结构和循环结构，如图 3.6 所示。

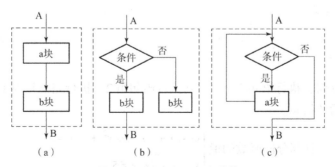

图 3.6 MATLAB 程序结构

（a）顺序结构；（b）选择结构；（c）循环结构

3.3.1 顺序结构

顺序结构依次执行程序的各条语句，语句在程序中的位置反映了程序执行顺序。这种程序容易编制，但是结构过于单一，仅能实现有限的功能。

例如：

```
>>a =1;b =2;c =3;
>>s1 =a +b;
>>s2 =s1 +c;
>>s3 =s2 /s1;
```

3.3.2 选择结构

选择结构根据不同的条件来执行不同的语句。在进行选择结构设计之前，应先确定要判断的条件，以及不同判断结果下所执行的操作。

1. 单分支 if 语句

语句结构如下：

```
if 条件
     语句组
end
……
```

当条件成立时，则执行 if 与 end 之间的语句组，并继续执行 end 以后的程序；若条件不成立，则跳过 if 与 end 之间的程序语句，直接执行 end 以后的语句。

2. 双分支 if 语句

语句结构如下：

```
if 条件
     语句组1
else
     语句组2
end
……
```

当条件成立时，执行语句组1，否则执行语句组2。执行完语句组1或语句组2后，再执行 end 以后的语句。

【例 3.16】 计算分段函数的值 $\begin{cases} \cos(x+1) + \sqrt{x^2+1}, x=5 \\ x\sqrt{x+\sqrt{x}}, x\neq5 \end{cases}$。

（1）利用单分支 if 语句设计程序如下：

```
x = input('x =');
if x == 5
    y = cos(x +1) + sqrt(x * x +1);
end
if x ~= 5
    y = x * sqrt(x + sqrt(x));
end
disp(y);
```

（2）利用双分支 if 语句设计程序如下：

```
x = input('x =');
if x == 5
    y = cos(x +1) + sqrt(x * x +1);
else
    y = x * sqrt(x + sqrt(x));
end
disp(y);
```

3. 多分支 if 语句

语句结构如下：

```
if 条件 1
    语句组 1
elseif 条件 2
    语句组 2
……
elseif 条件 n
    语句组 n
else
    语句组 n +1
end
```

当条件 1 成立时，执行语句组 1，然后跳出 if 语句；若条件 1 不成立，则考虑条件 2，当条件 2 成立时，执行语句组 2，然后跳出 if 语句，依此类推。如果前面的条件不满足，则执行语句体 $n +1$。根据程序设计的需求可以设计多个 elseif 语句，也可以省略 else 语句。

【例 3.17】　计算函数 $y = |x| + |x -2|$ 的值。

设计程序如下：

```
x = input('x =');
if x >= 2
    y = x + (x - 2);
elseif x < 2 & x >= 0
    y = x - (x - 2);
else
    y = -x - (x - 2);
end
disp(y);
```

【例 3.18】 在 MATLAB 中，使用多分支 if 语句编写求解一元二次方程 $ax^2 + bx + c = 0$ 的程序代码。

在编辑器中编写如下代码，完成方程的求解，并以 solve_equation. m 为名存入相应的子目录。

```
a = input('A =');
b = input('B =');
c = input('C =');
discriminant = b^2 - 4 * a * c;
% 如果判别式大于 0,则根据二次方程的公式得到实数解
if discriminant > 0
    x1 = ( -b + sqrt(discriminant)) /(2 * a);
    x2 = ( -b - sqrt(discriminant)) /(2 * a);
% 在命令行窗口显示求解结果
    disp('该方程有两个实数根');
    fprintf('x1 = % f \n',x1);
    fprintf('x2 = % f \n',x2);
% 当判别式等于 0 时,返回两个相同的实数根
elseif discriminant == 0;
    x1 = -b /(2 * a);
    disp('该方程有两个相同的实数根');
    fprintf('x1 = x2 = % f \n',x1);
% 当判别式小于 0 时,返回两个虚根
else
    real_part = -b /(2 * a);
    image_part = sqrt(abs(discriminant)) /(2 * a);
    disp('该方程有两个虚数根');
```

```
        fprintf('x1 = % f + i% f \n',[real_part;image_part]);
        fprintf('x2 = % f - i% f \n',[real_part;image_part]);
end
```

在 MATLAB 命令行窗口输入如下命令：

```
>> solve_equation
```

运行结果如下：

```
A = 1
B = 4
C = 3
该方程有两个实数根
x1 = -1.000000
x2 = -3.000000
```

4. switch 语句

switch 语句又称开关语句，它可以根据表达式的取值不同，分别执行不同的语句，其语句结构如下：

```
switch 表达式
    case 值 1              % 若表达式的值是值 1,则执行
        语句组 1
    case 值 2              % 若表达式的值是值 2,则执行
        语句组 2
    ……
    case 值 n              % 若表达式的值是值 n,则执行
        语句组 n
    otherwise             % 若表达式的值是其他值,则执行
        语句组 n + 1
end                       % 结束 switch 语句
……
```

【注】switch 后面的表达式的值必须是一个标量或者字符串。

【例 3.19】　　使用 switch - case 结构完成卷面成绩 score 的转换。

（1）score≥90 分，优；　　　　（2）90 > score≥80 分，良；

（3）80 > score≥70 分，中；　　　　（4）70 > score≥60 分，及格；

（5）60 > score≥50 分，不及格。

在程序编辑窗口中编写以下语句，并以 score_change. m 为名存入相应的子目录。

```
score = input('请输入卷面成绩:score =');
switch fix(score/10)
    case 9
        grade ='优'
    case 8
        grade ='良'
    case 7
        grade ='中'
    case 6
        grade ='及格'
    otherwise
        grade ='不及格'
end
```

在命令行窗口输入如下命令：

```
>> score_change
```

该程序的运行结果如下：

```
请输入卷面成绩:score =78
grade =

    '中'
```

需要注意的是，MATLAB 中的 switch 语句和 C 语言中的 switch 语句结构不同。在 C 语言中，即便前面已有条件满足，每个 case 也都要进行比较，因此，通常在 case 的语句体后面增加一个 break 语句，使程序只执行第一个满足条件的 case。而在 MATLAB 中无须增加 break 语句，程序便只完成第一个满足条件的 case。

5. try 语句

try 语句又称出错处理语句，主要用来抓取程序执行中出现的错误，以便决定如何对错误进行响应。

其语句结构如下：

```
try
    语句组 1
catch
    语句组 2
end
```

try 语句先试探性地执行语句组 1，如果语句组 1 在执行过程中出现错误，则将错误信息赋给保留的 lasterr 变量，并转去执行语句组 2；如果无误，程序就直接跳到 end 语句。在语句组 2 中，通常利用 lasterr 和 lasterror 函数获取错误信息，并采取相应的措施。该语句可以提高程序的容错能力，增加编程的灵活性。

【例 3.20】　矩阵乘法运算要求两矩阵的维数相容，否则会出错。先求两矩阵的乘积，若出错，则自动转去求两矩阵的点乘。

在程序编辑窗中编写以下语句，并以 test_error. m 为名存入相应的子目录。

```
A =[1,2,3;4,5,6]; B =[7,8,9;10,11,12];
try
    C =A * B;
catch
    C =A. * B;
end
C
lasterr
```

在命令行窗口输入如下命令：

```
>>test_error
```

该程序的运行结果如下：

```
C =
     7    16    27
    40    55    72
ans =
    '错误使用    *
```
用于矩阵乘法的维度不正确。请检查并确保第一个矩阵中的列数与第二个矩阵中的行数匹配。要执行按元素相乘,请使用 ". *"。

3.3.3　循环结构

循环结构用于完成一些重复的操作，是计算机解决问题的主要手段。但是它并不是单纯的重复执行，每次执行语句时，语句的参数一般都是不同的。下面将介绍几种常用的循环结构。

1. for 语句

for 循环是一种计算循环结构，按照给出的循环条件的范围或固定的次数重复完成一种运算。

for 语句的一般格式为：

```
for 循环变量 =表达式 1:表达式 2:表达式 3
    语句组
end
```

其中表达式 1 的值为循环变量的初值，表达式 2 的值为步长，表达式 3 的值为循环变量的终值。步长为 1 时，表达式 2 可以省略。

【例 3. 21】　简单的 for 循环结构示例，熟悉此命令的使用。

在程序编辑窗口中编写以下语句，并以 for_example. m 为名存入相应的子目录。

```
s = 0;
a = [12,13,14;15,16,17;18,19,20;21,22,23];
for k = a
    s = s + k;
end
disp(s');
```

在命令行窗口输入如下命令，并得出结果。

```
>> for_example
    39    48    57    66
```

【例 3. 22】　如果一个三位整数各位数字的立方和等于该数本身，则称该数为水仙花数。编写 M 文件，输出全部水仙花数。

在程序编辑窗口中编写以下语句，并以 for_example1. m 为名存入相应的子目录。

```
for m = 100:999
    m1 = fix(m/100);            % 求 m 的百位数字
    m2 = rem(fix(m/10),10);     % 求 m 的十位数字
    m3 = rem(m,10);             % 求 m 的个位数字
    if m == m1^3 + m2^3 + m3^3
        disp(m)
    end
end
```

在命令行窗口输入如下命令并得出结果

```
>> for_example1
    153
    370
    371
    407
```

2. while 语句

通过 for 循环，用户可以实现固定次数的循环运算，而 while 语句则可以实现无穷次的循环运算，直至循环条件不成立为止。

while 语句的一般格式为：

```
while 条件
    循环体语句
end
```

当条件成立时，执行循环体语句，执行后再判断条件是否成立，如果不成立，则跳出循环，否则继续执行循环体语句。

【例 3.23】　用循环求解 $\sum_{i=1}^{m} i > 1\,000$ 中求最小的 m 值。

在程序编辑窗口中编写以下语句，并以 while_example.m 为名存入相应的子目录。

```
i = 0;
m = 0;
while i < = 1000
    m = m + 1;
    i = i + m;
end
[i m]
```

在命令行窗口输入如下命令：

```
>> while_example
```

MATLAB 会出现相应的结果：

```
ans =
    1035        45
```

【例 3.24】　键入若干个数，当输入 0 时结束输入，求这些数的平均值及它们之和。

在程序编辑窗口中编写以下语句，并以 while_example1.m 为名存入相应的子目录。

```
sum = 0;
cnt = 0;
val = input('Enter a number(end in 0):');
while(val ~= 0)
    sum = sum + val;
    cnt = cnt + 1;
    val = input('Enter a number(end in 0):');
end
if(cnt > 0)
    sum
    mean = sum/cnt
end
```

在命令行窗口输入如下命令并得出结果

```
>> while_example1
Enter a number(end in 0):1
Enter a number(end in 0):5
Enter a number(end in 0):13
Enter a number(end in 0):6
Enter a number(end in 0):0
sum =
    25
mean =
    6.2500
```

3. break 语句和 continue 语句

break 语句用于终止循环的执行。当执行 break 语句时,程序将跳出本层循环,执行循环结束语句 end 的下一条语句。

continue 语句一般用在 for 循环或 while 循环中,通过 if 语句使用 continue 命令。当满足 if 条件时,continue 命令被调用。与 break 语句不同,当执行 continue 语句时,程序将结束当前循环,执行下一次循环,而不跳出当前循环体外。

【例 3.25】 求 [200,300] 之间第一个能被 24 整除的整数。

在程序编辑窗口中编写以下语句,并以 rem_example. m 为名存入相应的子目录。

```
for n =200:300
    if rem(n,24) ~ =0
        continue
    end
    break
end
n
```

在命令行窗口输入如下命令:

```
>> rem_example
```

MATLAB 会出现相应的结果:

```
n =
   216
```

4. 循环的嵌套

如果一个循环结构的循环体又包括一个或若干个循环结构,就称为循环的嵌套,或称为多重循环结构。

【例 3.26】　　若一个数等于它的各个真因子之和，则称该数为完数，如 6 = 1 + 2 + 3，所以 6 是完数。求 [1，500] 之间的全部完数。

在程序编辑窗口中编写以下语句，并以 example425. m 为名存入相应的子目录。

```
for m =1:500
    s =0;
    for k =1:m/2
        if rem(m,k) ==0
            s = s + k;
        end
    end
    if m == s
        disp(m);
    end
end
```

在命令行窗口输入如下命令：

```
>> example425
```

MATLAB 会出现相应的结果：

```
   6
  28
 496
```

3.4　程序调试

用户在程序设计运行的过程中，会不可避免地出现错误，即运行故障。MATLAB 提供了较多的方法和函数来帮助用户调试 M 文件。

3.4.1　概述

在 MATLAB 中通常存在的错误有两类：语法错误和运行错误。

1. 语法错误

一般都是由用户自身引起的错误，包括词法或文法的错误，例如函数名的拼写错误、表达式的书写错误等。当 MATLAB 执行到一个表达式或函数被编译到内存时，就会发现这类错误。一旦发现语法错误，MATLAB 立即标识出错误，并向用户反馈错误的类型及错误处的行数。利用这些信息，用户便能很容易地将错误纠正。

2. 运行错误

运行错误是指程序的运行结果有错误，这类错误也称为程序逻辑错误。即使 MATLAB 标记了运行错误，找出错误一般也比较困难。

3.4.2　调试方法

MATLAB 程序的调试有两种方法：直接调试法和利用调试工具。

1. 直接调试法

对于简单的程序，用户可采用直接调试的方法。

由于 MATLAB 在调用函数时，只返回最后的输出参数，而不返回中间变量，因此，可以通过以下几种方法来查看程序运行中的变量值的情况。

➢ 删除函数中调用的语句后的分号，将结果显示在命令行窗口中。

➢ 在函数中添加 disp 命令，用于显示要查看的变量。

➢ 利用 echo 命令将运行文件的内容显示在屏幕上，具体使用方法详见 3.2.4 小节。

➢ 在程序的适当位置添加 keyboard 命令。当程序执行到 keyboard 命令时，程序暂停，并将控制权转交给用户。此时，用户便可查看函数工作区中的变量是否产生预期结果。当用户键入"return"后，控制权交还给 M 文件。

➢ 在调试单个函数时，可在函数声明语句之前插入%，将函数文件改写为脚本文件。此时，文件在执行时，其变量工作区就是 MATLAB 工作区，用户在程序出现错误时便可查看工作区中的变量。

2. 利用调试工具

可采用的调试工具有命令行调试程序和调试器界面调试程序。

MATLAB 为用户提供了一些调试选项，见表 3.1；用户可根据自身需求在操作界面中选择所需调试命令，如图 3.7 所示。

表 3.1　调试命令

菜单项	功能	快捷键
继续	从断点处继续运行	F5
步进	运行下一行	F10
步入	进入被调用函数内部	F11
步出	跳出当前函数	Shift + F11
运行到光标处	执行到当前光标处	无
全部清除	清除所有文件中的全部断点	无
设置/清除	设置或清除当前行上的断点	F12
启动/禁用	启用或禁用当前行上的断点	无
设置条件	设置或修改断点条件	无

用户可以使函数在设定的断点处停止运行，或者使函数在出现警告和错误的地方停止运行。如果用户设置了断点，则当程序执行到断点处时，程序暂停，并且用户可以在工作区查看各函数变量。

图 3.7　调试菜单项

在调试程序中，变量的值是查找错误的重要线索，在 MATLAB 中有三种查看变量值的方法：

➤将鼠标放置在待查看的变量处停留至其显示变量值;

➤在工作区中查看变量值;

➤在命令行窗口中输入变量名，显示该变量的值。

3.5　本章小结

本章主要内容为 MATLAB 的程序设计与调试。首先介绍了 M 文件，其中包括脚本 M 文件和函数 M 文件，此外，举例说明了内联函数的使用方法。其次总结了常用的数据输入与输出命令，主要有 input 命令和 disp 命令等，并举例说明。然后说明了程序设计中包含的三种控制结构:顺序结构、选择结构和循环结构，并对各控制结构的分支进行举例说明。最后阐述了用户在程序调试过程中可使用的调试方法，这些方法为用户提供了便利。

习题

1. 设 $f(x) = \dfrac{1}{(x-2)^2 + 0.1}$，编写一个 M 函数文件，可调用 $f(x)$ 函数。

2. 利用 input 函数输入 a_{11}，a_{12}，a_{21}，a_{22}，求矩阵 $A = \begin{bmatrix} a_{11} & a_{12} \\ a_{21} & a_{22} \end{bmatrix}$ 的行列式值、逆和特征根。

3. 利用 input 函数输入 a，b，c，并求一元二次方程 $ax^2 + bx + c = 0$ 的根。

4. 根据 $y = 1 + \dfrac{1}{3} + \dfrac{1}{5} + \cdots + \dfrac{1}{2n-1}$，求 $y < 3$ 时的最大 n 值及其对应的 y 值。

5. 一个 1 行 100 列的 Fibonacci 数组 a，$a(1) = a(2) = 1$，$a(i) = a(i-1) + a(i-2)$，用 for 循环语句来寻求该数组中第一个大于 10 000 的元素，并指出其位置 i。

6. 下面的语句用来判断一个人的体温是否处于危险状态。语句是否正确? 如果不正确，请指出错误，并写出正确答案。

```
temp = input('请输入人的体温值:temp = ');
if temp < 36.5
    disp('体温偏低! ');
elseif temp > 36.5
    disp('体温正常 ');
elseif temp > 38.0
    disp('体温偏高! ');
elseif temp > 39.0
    disp('体温偏高!! ');
end
```

第4章

MATLAB 数据分析与处理

本章所提及的数据处理与分析实际上就是解决数学问题的数值计算方法及其理论，是 MATLAB 重要的用途之一。当一个函数难以进行解析解求解时，用户便可借助 MATLAB 等计算工具在数值上求解近似所需的结果。

4.1 数据插值与拟合

在许多应用领域中，数据往往是零散的，不便于处理且不易发现其中固有规律。这种问题可由适当的表达式来解决，即需要一个解析函数来描述数据，通常有两种解决方法：数据插值和数据拟合。

4.1.1 数据插值

数据插值可用来根据已知数据推断未知数据。插值运算是根据数据的分布规律，寻找一个可以连接已知各点的函数表达式，并利用该函数表达式预测两点之间任意位置上的函数值。

定义：设函数 $y = f(x)$ 在区间 $[a, b]$ 上有意义，且已知 y 在 $n+1$ 个节点 $a \leqslant x_0 < x_1 < \cdots < x_n \leqslant b$ 上的值为 y_0，y_1，$\cdots$，y_n。若存在简单函数 $P(x)$，使 $P(x_i) = y_i$（$i = 0, 1, \cdots, n$）成立，就称 $P(x)$ 为 $f(x)$ 关于节点 x_0，x_1，$\cdots$，x_n 的插值函数，点 x_0，x_1，$\cdots$，x_n 称为插值节点，包含插值节点的区间 $[a, b]$ 称为插值区间，而 $f(x)$ 称为被插值函数，求插值函数 $P(x)$ 的方法称为插值法。

数值插值有拉格朗日（Lagrange）插值、埃尔米特（Hermite）插值、牛顿（Newton）插值、分段线性插值和三次样条插值等，下面对其中部分插值方法进行介绍。

1. 拉格朗日（Lagrange）插值

对给定的 n 个插值点 x_1，x_2，$\cdots$，x_n 及对应的函数值 y_1，y_2，$\cdots$，y_n，利用构造的 $n-1$ 次拉格朗日插值多项式，则对插值区间内任意 x 的函数值 y，可通过式（4-1）求得：

$$y(x) = \sum_{k=1}^{n} y_k \left(\prod_{\substack{j=1 \\ j \neq k}}^{n} \frac{x - x_j}{x_k - x_j} \right) \tag{4-1}$$

由于 MATLAB 中没有现成的拉格朗日插值命令，下面来编写 M 文件实现该功能。

【例 4.1】　在 MATLAB 中编写函数文件，实现拉格朗日插值法的功能。

在程序编辑窗口中编写以下语句，并以 lagrange. m 为名存入相应的子目录。

```
function y = lagrange(x0,y0,x)
ii = 1:length(x0);
y = zeros(size(x));
for i = ii
    ij = find(ii ~= i);
    y1 = 1;
    for j = 1:length(ij)
        y1 = y1. * (x - x0(ij(j)));
    end
    y = y + y1 * y0(i)/prod(x0(i) - x0(ij));
end
```

【例 4.2】　给出 $f(x) = \ln(x)$ 的数值表（表 4.1），用拉格朗日插值法在 [0.1, 0.8] 区间以 0.01 为步长进行插值。

表 4.1　$f(x) = \ln(x)$ 的数值表

x	0.4	0.5	0.6	0.7	0.8
y	− 0.916 291	− 0.693 147	− 0.510 826	− 0.356 675	− 0.223 144

利用拉格朗日函数，可以直接在 MATLAB 命令行窗口中输入下面的命令，并得出结果。

```
>> x = [0.4:0.1:0.8];
>> y = [ -0.916291, -0.693147, -0.510826, -0.356675, -0.223144];
>> x0 = [0.1:0.01:0.8];
>> y0 = lagrange(x,y,x0);
>> plot(x,y,'o',x0,y0)
>> title('利用拉格朗日插值法插值')
```

所得插值结果如图 4.1 所示。

从图 4.1 可以看出，拉格朗日插值法的一个特点就是：拟合出的多项式图形通过每一个测量数据点。

2. 埃尔米特（Hermite）插值

埃尔米特插值法既保证了拟合多项式在节点上的函数值相等，又保证了节点对应的导数值甚至高阶导数值也相等。

对给定的 n 个插值节点 x_1，x_2，…，x_n 和对应的函数值 y_1，y_2，…，y_n，以及一阶导数值 y_1'，y_2'，…，y_n'，在插值区域内任意 x 的函数值 y 见式（4 − 2）。

$$y(x) = \sum_{i=1}^{n} h_i [(x_i - x)(2a_i y_i - y_i') + y_i] \tag{4−2}$$

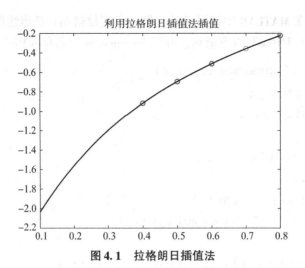

图 4.1　拉格朗日插值法

其中，
$$h_i = \prod_{\substack{j=1 \\ j \neq i}}^{n} \left(\frac{x - x_j}{x_i - x_j} \right)^2, \quad a_i = \sum_{\substack{i=1 \\ i \neq j}}^{n} \frac{1}{x_i - x_j}$$

由于 MATLAB 中没有现成的埃尔米特插值命令，下面来编写 M 文件实现该功能。

【例 4.3】　在 MATLAB 中编写函数文件，实现埃尔米特插值法的功能。

在程序编辑窗口中编写以下语句，并以 hermite. m 为名存入相应的子目录。

```
% hermite 插值
% 求数据(x0,y0)所表达的函数、y1 所表达的导数值,以及在插值点 x 处的插值
function y = hermite(x0,y0,y1,x)
n = length(x0);
m = length(x);
for k = 1:m
    yy = 0.0;
    for i = 1:n
        h = 1.0;
        a = 0.0;
        for j = 1:n
            if j ~= i
                h = h * ((x(k) - x0(j))/(x0(i) - x0(j)))^2;
                a = 1/(x0(i) - x0(j)) + a;
            end
        end
        yy = yy + h * ((x0(i) - x(k)) * (2 * a * y0(i) - y1(i)) + y0(i));
    end
```

```
        y(k) =yy;
end
```

【**例 4.4**】　已知某次实验中测得的某质点的速度和加速度变化见表 4.2，求质点在时刻 $t = 1.2$ 处的速度。

表 4.2　某次实验中测得的某质点的速度和加速度变化

t	0.1	0.5	1	1.5	2	2.5	3
y	0.95	0.84	0.86	1.06	1.5	0.72	1.9
y_1	1	1.5	2	2.5	3	3.5	4

利用埃尔米特函数，可以直接在 MATLAB 命令行窗口中输入下面的命令，并得出结果。

```
>> t =[0.1 0.5 1 1.5 2 2.5 3];
>> y =[0.95 0.84 0.86 1.06 1.5 0.72 1.9];
>> y1 =[1 1.5 2 2.5 3 3.5 4];
>> yy =hermite(t,y,y1,1.2)
yy =
    0.8471
>> t1 =[0.1:0.01:3];
>> yy1 =hermite(t,y,y1,t1);
>> plot(t,y,'o',t,y1,'b*',t1,yy1)
```

插值结果如图 4.2 所示。

3. 分段线性插值

通常情况下，函数插值的次数越高，精度越高。实际情况下，当次数增大时，有时会在两端产生激烈的震荡，出现函数不收敛的现象，这种高次插值的病态现象被称为 Runge 现象。

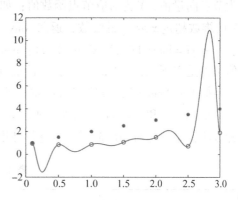

图 4.2　埃尔米特插值法结果

【**例 4.5**】　$f(x) = \dfrac{1}{1 + x^2}$ 在区间 $[-5, 5]$ 上的各阶导数存在，但在此区间上的拉格朗日插值多项式在全区间上并非都收敛。取 $n = 10$，用拉格朗日插值法进行插值计算。

在 MATLAB 的命令行窗口中输入以下命令并得出结果

```
>> x =[-5:1:5];
>> y =1./(1 +x.^2);
>> x0 =[-5:0.1:5];
```

```
>> y0 = lagrange(x,y,x0);
>> y1 = 1./(1 + x0.^2);
% 插值多项式曲线
>> plot(x0,y0,'--r')
>> hold on
% 原曲线
>> plot(x0,y1,'b')
```

输出图形结果如图 4.3 所示。

针对 Runge 现象，人们通过插值点用折线或低次曲线连接起来逼近原曲线，这就是分段线性插值。插值多项式的次数叫作插值的阶。如果插值点位于插值区间内，这种插值过程叫作内插，否则叫作外推。

MATLAB 为用户提供了 interp1 函数来实现分段线性插值，其具体调用格式如下：

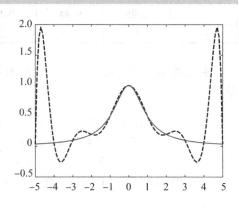

图 4.3 Runge 现象

➤ i = interp1(x,Y,xi)：对一组节点 (x,Y) 进行插值，计算插值点 x_i 的函数值。x 为节点向量值，Y 为对应节点函数值；如果 Y 为矩阵，则插值对 Y 的每一列进行；如果 Y 的维数超过 x 或 x_i 的维数，返回 NaN。

➤ yi = interp1(Y,xi)：对一组节点 (x,Y) 进行插值，计算插值点 x_i 的函数值。x 为节点向量值，Y 为对应节点函数值；如果 Y 为矩阵，则插值对 Y 的每一列进行；如果 Y 的维数超过 x 或 x_i 的维数，返回 NaN。

➤ yi = interp1$(x,Y,xi,method)$：method 是插值使用的算法，默认为线性算法，其值可以是以下几种：'nearest'，线性最近项插值；'linear'，线性插值；'spline'，三次样条插值；'pchip'，分段三次埃尔米特插值；'cubic'，与'pchip'相同。其中，对于'nearest'和'linear'两种方法，如果 x_i 超出 x 的范围，返回 NaN；而对于其他几种方法，系统将对超出范围的值进行外推计算，见表 4.3。

表 4.3 外推计算

命令	说明
yi = interp1$(x,Y,xi,method,'extrap')$	利用指定的方法对超出范围的值进行外推计算
yi = interp1$(x,Y,xi,method,extrapval)$	返回标量 extrapval 为超出变量值
yi = interp1$(x,Y,method,'pp')$	利用指定的方法产生分段多项式

【例 4.6】 在区间 $[0,10]$ 内对 $\cos(x)$ 进行分段线性插值。

在 MATLAB 的命令行窗口中输入以下命令，并得出结果。

```
>> x = 0:0.1:10;
>> y = cos(x);
>> xi = 0:0.25:10;
>> yi = interp1(x,y,xi);
>> plot(x,y,'o',xi,yi)
```

余弦分段插值结果如图 4.4 所示。

【例 4.7】　利用分段插值解决例 4.5 的 Runge 现象。

在 MATLAB 的命令行窗口中输入以下命令，并得出结果。

```
>> x = [ -5:1:5 ];
>> y = 1. /(1 +x. ^2 );
>> x0 = [ -5:0.1:5 ];
>> y0 = lagrange(x,y,x0);
>> y1 = 1. /(1 +x0. ^2 );
>> y2 = interp1(x,y,x0);
% 拉格朗日插值
>> plot(x0,y0,' - -r')
>> hold on
% 原曲线
>> plot(x0,y1,'b')
>> hold on
% 分段线性插值
>> plot(x0,y2,' * ')
```

分段线性插值结果如图 4.5 所示。

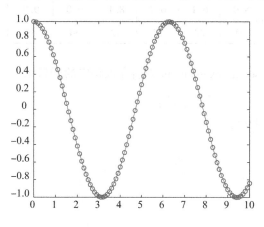

图 4.4　余弦分段插值

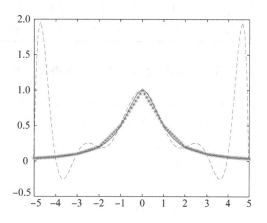

图 4.5　分段线性插值

4.1.2　数据拟合

数据拟合，又称曲线拟合，是通过求一个较为简单的函数去逼近一个复杂或未知的函数，即从一系列已知数据点 $[(x_1,y_1),(x_2,y_2),\cdots,(x_n,y_n)]$ 上得到一个解析函数 $y=f(x)$，得到的 $f(x)$ 应当在原数据点 x_i 上尽可能接近给定的 y_i 值，但不必经过任何数据点。

MATLAB 数据拟合的最优标准是采用最小二乘法，利用该方法求得的数据与实际数据之间的误差的平方和最小。

数据拟合是工程中经常用到的技术，MATLAB 也为用户提供了曲线拟合工具箱，用户可使用 polyfit 函数来求得最小二乘拟合多项式的系数，再利用 polyval 函数按所得的多项式计算所给点的函数近似值。

polyfit 函数的调用格式如下：

➤ $p=\mathrm{polyfit}(x,y,n)$：找出拟合于数据的 n 阶多项式 $p(x)$ 的系数。其中 $p(x)=p_1 x^n+p_2 x^{n-1}+\cdots+p_n x^1+p_{n+1}$，$n$ 用于指定返回多项式的次数。

➤ $[p,S]=\mathrm{polyfit}(x,y,n)$：返回多项式系数 p 和一个结构 S，用于误差估计或预测。

➤ $[p,S,\mathrm{mu}]=\mathrm{polyfit}(x,y,n)$：将式（4-3）得到的 $\bar{x}$ 取代 x，找出多项式系数。

$$\bar{x}=\frac{x-u_1}{u_2} \tag{4-3}$$

其中，$u_1=\mathrm{mean}(x)$，即 x 的平均值；$u_2=\mathrm{std}(x)$，即 x 的均方差；mu 是一个由 u_1 和 u_2 组成的向量 $[u_1,u_2]$；$\bar{x}$ 是中心与缩放参数，以此为中心和缩放转换可以改进多项式和拟合算法的数组属性。

【例 4.8】　已知某压力传感器的标定数据见表 4.4，p 为压力值，u 为电压值，试调用多项式：$u=ap^3+bp^2+cp+d$，拟合其特性函数，绘制拟合曲线及标定点图。

表 4.4　某压力传感器的标定数据

p	0.0	1.1	2.1	2.8	4.2	5.0	6.1	6.9	8.1	9.0	9.9
u	10	11	13	14	17	20	22	24	29	34	39

在程序编辑窗口中编写以下语句，并以 polyfit_example.m 为名存入相应的子目录。

```
p=[0 1.1 2.1 2.8 4.2 5.0 6.1 6.9 8.1 9.0 9.9];
u=[10 11 13 14 17 20 22 24 29 34 39];
A=polyfit(p,u,3);
P=poly2str(A,'u')
p1=0:0.1:10;
u1=polyval(A,p1);
plot(p1,u1,p,u,'o')
```

在 MATLAB 命令行窗口中输入下面的命令：

```
>> polyfit_example
```

MATLAB 会出现相应的结果：

```
P =
    '0.019299 u^3 -0.061947 u^2 +1.6743 u +9.6562'
```

拟合曲线及标定点如图 4.6 所示。

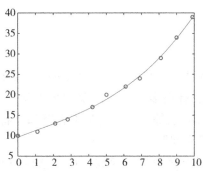

图 4.6　拟合曲线及标定点

4.2　数值微积分

4.2.1　数值微分

微分最通俗的描述是一个函数在某一点处的斜率，是一个函数的微观性质。通常微分比较困难，一个函数小的变化，容易产生相邻点的斜率的巨大改变。

MATLAB 并未向用户提供数值微分的导数，仅提供了 diff 函数，它可用于符号微分（详见 2.3.3 小节）和数值微分。在数值微分中，diff 函数的具体调用方法如下。

➤ Y = diff(X)：计算向量 X 的向前差分，如 $DX(i) = X(i+1) - X(i), i = 1, 2, \cdots, n-1$。

➤ Y = diff(X,n)：计算向量 X 的 n 阶向前差分，如 diff(X,2) = diff(diff(X))。

另外，如果需要对实验获得的数据进行微分，最好利用最小二乘曲线拟合后，对所得到的多项式进行求导、微分，尽量避免使用 diff 函数进行数值微分。

【例 4.9】　设 x 为 $[0, 2\pi]$ 间均匀分布的 10 个点，求 $\cos(x)$ 的 1 ~ 2 阶差分。

在 MATLAB 的命令行窗口输入以下命令：

```
>> X = linspace(0,2 * pi,10);
>> Y = cos(X);
>> DY = diff(Y);
>> D2Y = diff(Y,2);
```

可得到两个差分值 DY 和 D^2Y：

```
DY =
    -0.2340   -0.5924   -0.6736   -0.4397   -0.0000  0.4397  0.6736
0.5924  0.2340
D2Y =
    -0.3584   -0.0813  0.2340  0.4397  0.4397  0.2340  -0.0813
-0.3584
```

4.2.2　数值积分

不同于数值微分的微观性质，数值积分描述了一个函数的整体或宏观性质。

求解定积分的数值方法有很多，比如简单的梯形法、辛普森（Simpson）法、牛顿-柯特斯（Newton-Cotes）法等。它们的基本思路都是将整个积分区间分成 n 个子区间，将积分问题转换为求和问题。

MATLAB 为用户提供了求解积分的函数，其中包括一元函数的自适应数值积分、一元函数的矢量积分、二重积分和三重积分。具体见表 4.5。

表 4.5　积分函数

函数	说明
quad( )	一元函数的数值积分，采用自适应的辛普森方法
quadl( )	一元函数的数值积分，采用自适应的 Lobatto 方法，取代柯特斯求积分方法（quad8）
quadv( )	一元函数的向量数值积分
dblquad( )	二重积分
triplequad( )	三重积分
trapz( )	梯形数值积分

1. trapz 函数

函数 trapz 通过计算若干个梯形面积的和来计算某函数的近似积分，其调用格式如下：

①Z = trapz(Y)：通过梯形法（采用单位间距）计算 Y 的近似积分。

Y 的大小确定求积分所沿用的维度：如果 Y 为向量，则 trapz(Y) 是 Y 的近似积分；如果 Y 为矩阵，则 trapz(Y) 对每列求积分并返回积分值的行向量；如果 Y 为多维数组，则 trapz(Y) 对其大小不等于1的第一个维度求积分，该维度的大小变为1，而其他维度的大小保持不变。

②Z = trapz(X, Y)：根据 X 指定的坐标或标量间距对 Y 进行积分。

如果 X 是坐标向量，则 length(X) 必须等于 Y 的大小；如果 X 是标量间距，则 trapz(X, Y) 等于 X * trapz(Y)。

③$Z = trapz(X,Y,dim)$：通过梯形法计算 Y 跨维积分，维度由 dim 指定。

【例 4.10】　使用 trapz 函数计算定积分 $\int_0^\pi \sin(x)\,dx$。

在 MATLAB 的命令行窗口输入下列指令，并得出结果。

```
>> X = 0:pi/100:pi;
>> Y = sin(X);
>> Z = trapz(X,Y)
Z =
    1.9998
```

2. 一元函数的积分

在 MATLAB 中，用户可用 quad 和 quad1 两个函数来实现对一元函数的积分求解。函数 quad 和 quad8 是基于数学上的正方形概念来计算函数的面积的，函数 quad 采用的是低阶的自适应递归辛普森法，quad8 函数采用的则是高阶的自适应递归辛普森法，并且 quad8 函数比 quad 函数更精确。quad1 函数采用高阶自适应 Lobatto 法，该函数是 quad8 函数的替代。

quad 函数的调用格式如下：

➤ $q = quad(fun,a,b)$：尝试使用递归自适应辛普森积分法求取函数 fun 从 a 到 b 的近似积分，误差小于 10^{-6}。其中，fun 是被积函数表达式字符串或 M 函数文件名。

➤ $q = quad(fun,a,b,tol)$：tol 可指定大于 10^{-6} 的允许误差。该命令的运行速度更快，但是精度降低。

➤ $q = quad(fun,a,b,tol,trace)$：在递归期间显示 $[fcnt\ a\ b-a\ Q]$ 的值。其中，fcnt 为计算函数数值的次数；a 为积分区间的左边界；$b-a$ 为区间长度；Q 为区间内的积分值。trace = 1，迭代信息在运算中显示；trace = 0，不显示迭代信息，默认值为 0。

➤ $[q,fcnt] = quad(fun,a,b,\cdots)$：输出函数值的同时返回函数的计算次数。

【例 4.11】　使用 quad 函数计算定积分 $\int_0^\pi \sin(x)\,dx$。

在 MATLAB 命令行窗口中输入以下命令，并得出结果。

```
>> F = quad('sin(x)',0,pi)
F =
    2.0000
```

也可以利用 2.3.3 小节中的 int 函数来求解 $\int_a^b f(x)\,dx$ 和 $\int_a^\infty f(x)\,dx$，其调用格式分别为：

```
I = int(f,x,a,b)
I = int(f,x,a,inf)
```

【例 4.12】　使用 int 函数计算定积分 $\int_0^\pi \sin(x)\,dx$。

在 MATLAB 命令行窗口输入以下命令，并得出结果。

```
>> syms x
>> y = sin(x);
>> F = int(y,x,0,pi)
F =
    2
```

3. 二重积分

在 MATLAB 中，二重积分由 dblquad 函数来实现，其调用格式如下：

➤ q = dblquad(fun,xmin,xamx,ymin,ymax)：dblquad 函数通过调用 quad 函数来计算 fun(x,y) 在矩形区域 $x_{min} \leq x \leq x_{max}$、$y_{min} \leq y \leq y_{max}$ 的双重积分。其中，fun 是被积函数表达式字符串或 M 函数文件名。

➤ q = dblquad(fun,xmin,xamx,ymin,ymax,tol)：通过 tol 指定积分结果的精度。

➤ q = dblquad(fun,xmin,xamx,ymin,ymax,tol,trace)：trace = 1，迭代信息在运算中显示；trace = 0，不显示迭代信息，默认值为 0。

【例 4. 13】 计算二重积分 $I = \int_{-1}^{1} \int_{-2}^{2} e^{-\frac{x^2}{2}} \sin(x^2 + y) \, dx dy$。

在 MATLAB 的命令行窗口中输入以下命令，并得出结果。

```
>> I = dblquad('exp( -x.^2 /2). * sin(x.^2 +y)',-2,2,-1,1)
I =
    1.5745
```

4. 3 零极点问题

4. 3. 1 求零点

对于函数 $f(x)$ 而言，求零点即求方程 $f(x) = 0$ 的解；而对于多项式，则可以用 roots 函数来求解。单变量函数的零点可以用 fzero 函数进行求解，其调用格式如下：

➤ x = fzero('fun',x0)，x = fzero(fun,[x1,x2])：寻找 x_0 附近或区间 $[x_1, \ x_2]$ 内函数 fun 的零点，返回该点的 x 坐标。

➤ x = fzero('fun^',x0,tol,trace)，x = fzero(fun,[x1,x2],tol,trace)：tol 代表精度，可以缺省，缺省时，tol = 0. 001。trace = 1，迭代信息在运算中显示；trace = 0，不显示迭代信息，默认值为 0。

➤ [x,fval] = fzero(…)：返回零点的 x 坐标的同时返回该点的函数值。

➤ [x,fval,exitflag] = fzero(…)：返回零点的 x 坐标、该点的函数值及程序退出的标志。

➤ [x,fval,exitflag,output] = fzero(…)：返回零点的 x 坐标、该点的函数值、程序退

出的标志及选定的输出结果。

【注】fzero 命令不仅可以求零点，而且可以求函数等于任何常数数值的点。

【例 4.14】　求 $x^2 - 4 = 0$ 的零点。

在 MATLAB 的命令行窗口中输入以下命令：

```
>> fzero('x^2 -4',1)
>>fzero('x^2 -4',-1)
```

MATLAB 会出现相应的结果：

```
ans =
     2
ans =
    -2
```

此处，$f(x) = x^2 - 4$ 是一个多项式，所以可以使用 roots 函数求出相同的零点，在 MATLAB 的命令行窗口中输入以下命令：

```
roots([1 0 -4])
```

MATLAB 会出现相应的结果：

```
ans =
   2.0000
  -2.0000
```

【例 4.15】　求 $f(t) = (\sin t)^2 e^{-0.1t} - 0.5|t|$ 的零点。

在 MATLAB 中输入以下命令，建立函数 M 文件 f. m，存入相应的子目录。

```
function y = f(x)
y = sin(x).^2. * exp( -0.1 * x) -0.5 * abs(x);
```

在程序编辑窗口中编写以下语句，并命名为 fzero_example. m。

```
x = -10:0.01:10;y = f(x);plot(x,y,'r');  % 绘制 f(x)曲线图
hold on,plot(x,zeros(size(x)),'k --');  % 绘制零线
disp('通过图形取点')
[xx,yy] = ginput(4);     % 在图形上取四个点
x1 = fzero('f',xx(1));x2 = fzero('f',xx(2));x3 = fzero('f',xx(3));
x4 = fzero('f',xx(4));
disp('零点的横坐标'),disp([x1 x2 x3 x4])
plot(x1,f(x1),'bp',x2,f(x2),'bp',x3,f(x3),'bp',x4,f(x4),'bp')
legend('f(x)','y =0','零点')
```

在 MATLAB 的命令行窗口中输入以下命令：

```
>> fzero_example
```

MATLAB 会出现相应的结果：

```
通过图形取点
零点的横坐标
    -2.0074    -0.5198    0.5993    1.6738
```

零点分布图如图 4.7 所示。

4.3.2 求极值

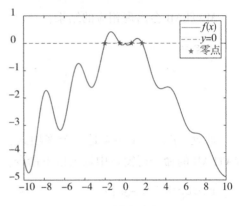

图 4.7 零点分布图

在数学上，可以通过确定函数导数为零的点来确定极值点；但是在解析上难以求导的情况下，需要从数值上寻找函数的极值点。MATLAB 为用户提供了两个完整功能的函数 fminbnd 和 fmins 来实现对一维和 n 维函数的最小值的求解。

值得注意的是，MATLAB 并未向用户提供求最大值的命令，因为函数 $f(x)$ 的最大值就是函数 $-f(x)$ 的最小值，故 fminbnd 函数可用来求最大值和最小值。

1. 一元函数的极小值

fimbnd 函数用于查找单变量函数在确定区间上的最小值，它的调用格式如下：

➤ $x = \text{fminbnd}(\text{fun}, x1, x2)$：返回一个值 x，该值是 fun 中描述的标量值函数在区间 $x_1 < x < x_2$ 中的局部最小值。

➤ $x = \text{fminbnd}(\text{fun}, x1, x2, \text{options})$：options 为指定优化参数选项，由 OPTIMSET 设定，具体取值见表 4.6。

表 4.6 options 参数的取值

名称	说明
Display	设置显示级别："off" 不显示输出；"iter" 在每次迭代时显示输出；"final" 仅显示最终输出；"notify" 仅在函数不收敛时显示输出
FunValCheck	检查目标函数值是否有效。当目标函数返回的值是 complex 或 NaN 时，"on" 显示错误；"off" 不显示错误
MaxFunEvals	允许函数求值的最大次数
MaxIter	允许函数迭代的最大次数
OutputFcn	优化函数在每次迭代时调用的用户定义函数
TolX	关于函数值的终止容差

➤ [x,fval] = fminbnd(…)：fval 为目标函数的最小值。

➤ [x,fval,exitflag] = fminbnd(…)：返回描述退出条件的值 exitflag。若参数 exitflag > 0，表示函数收敛于 x；若 exitflag = 0，表示达到了最大迭代次数；若 exitflag < 0，表示函数不收敛于 x。

➤ [x,fval,exitflag,output] = fminbnd(…)：返回一个包含有关优化的信息的结构体 output。若参数 output = iterations，表示迭代次数；若 output = funccount，表示函数赋值次数；若 output = algorithm，表示所使用的算法。

【例 4. 16】　求 $\sin(x)$ 在 $0 < x < 2\pi$ 范围内的最小值的点。

在 MATLAB 的命令行窗口中输入以下命令，并得出结果。

```
>> x = fminbnd('sin(x)',0,2 * pi)
x =
    4.7124
```

2. 多元函数的极小值

MATLAB 为用户提供了 fminsearch 函数用于计算多元函数的极小值，该函数适用于不太平滑、难以计算梯度信息或梯度信息价值不大的函数。

fminsearch 函数和 fminbnd 函数的用法基本一致，两个不同之处在于：fminbnd 函数的输入参数是寻找最小值的区间，且仅可以求解一元函数的极值；而 fminsearch 函数的输入参数为初始值。

fminsearch 函数的调用格式如下：

➤ x = fminsearch(fun,x0)：在点 x_0 处开始并尝试求函数 fun 中的局部最小值 x。

➤ x = fminsearch(fun,x0,options)：使用结构体 options 中指定优化选项求最小值。

➤ x = fminsearch(problem)：求结构体 problem 的最小值。

➤ [x,fval] = fminsearch(…)：fval 返回目标函数 fun 在解 x 处的值。

➤ [x,fval,exitflag] = fminsearch(…)：返回描述退出条件的值 exitflag。

➤ [x,fval,exitflag,output] = fminsearch(…)：返回结构体 output 及优化过程的信息。

【例 4. 17】　求函数 $y(x) = 100(x_2 - x_1^2)^2 + (1 - x_1)^2$ 的最小值。

由题意得，函数的最小值在 (1，1) 处取得，最小值为 0。

在 MATLAB 的命令行窗口中输入以下命令，并得出结果。

```
>> y = @ (x)100 * (x(2) - x(1)^2)^2 + (1 - x(1))^2;
>> [x,fval] = fminsearch(y,[ -1.2,1])
x =
    1.0000    1.0000
fval =
    8.1777e - 10
```

从结果可知，函数的最小值在 (1，1) 点取得，极小值近似于 0。

4.4 常微分方程的求解

一般地，表示未知函数、未知函数的导数与自变量之间的关系的方程，叫作微分方程。其中未知函数是一元函数的，叫作常微分方程。

4.4.1 常微分方程的解析解

MATLAB 为用户提供了 dsolve 函数来求解常微分方程，其调用格式如下：

➤ S = dsolve(eqn)：求解常微分方程 eqn。

➤ S = dsolve(eqn,cond)：用初始条件或边界条件求解常微分方程。

➤ S = dsolve(eqn,cond,Name,Value)：通过一个或多个输入参数对 Name 和 Value 设置求常微分方程 eqn 解的参数。

MATLAB 中，微分方程中的各阶导数用大写字母 D 表示，D 表示微分使用期望的自变量，默认为 $\dfrac{d}{dx}$，如 Dy 表示 $\dfrac{dy}{dx}$ 或 $\dfrac{dy}{dt}$；如果在 D 后面带有数字，则表示多阶导数，如 D^2y 表示 $\dfrac{d^2y}{dx^2}$ 或 $\dfrac{d^2y}{dt^2}$。

【例 4.18】　求常微分方程 $\dfrac{dy}{dx} = y^2$ 的解。

在 MATLAB 命令行窗口中输入下面的命令，并得出结果。

```
>> S = dsolve('Dy = y^2', 'x')
S =

             0

    -1/(C2 + x)
```

其中，C^2 为积分常量，由初始条件确定。

【例 4.19】　求常微分方程 $xy'' - 3y' = x^2$，$y(1) = 0$，$y(5) = 2$ 的解。

在 MATLAB 命令行窗口中输入下面的命令，并得出结果。

```
>> y = dsolve('x * D2y - 3 * Dy = x^2', 'y(1) = 0, y(5) = 2', 'x')
y =
    (5 * x^4)/72 - x^3/3 + 19/72
```

4.4.2 常微分方程的数值解

由于求解常微分方程的解析解难度较大，甚至有时无法求解，所以在工程上往往求助于数值解。求解数值解是在特定点求解近似解的过程。常用的数值解法主要有欧拉（Euler）法和龙格 – 库塔（Runge – Kutta）法等。

1. 欧拉（Euler）法

欧拉法是最简单的数值解法，在节点处用差商近似代替导数：

$$y'(x_n) \approx \frac{y(x_{n+1}) - y(x_n)}{h} \tag{4-4}$$

如此, 推导出计算公式:

$$y_{n+1} = y_n + hf(x_n, y_n) \tag{4-5}$$

由于 MATLAB 中没有使用欧拉法求解的函数, 但存在内部函数文件 euler. m 用于返回欧拉数和欧拉多项式, 因此, 在编写欧拉法的 M 文件时, 需注意命名格式。

【例 4. 20】　　在 MATLAB 中编写函数文件, 实现欧拉法的功能。

在程序编辑窗口中编写以下语句, 并以 euler1. m 为名存入相应的子目录。

```
function [x,y] = euler1(f,x0,y0,xf,h)
n = fix((xf - x0)/h);
y(1) = y0;
x(1) = x0;
for i = 1:n
    x(i + 1) = x0 + i * h;
    y(i + 1) = y(i) + h * feval(f,x(i),y(i));
end
end
```

【例 4. 21】　　利用欧拉法求解初值问题 $\begin{cases} y' = y - \dfrac{2x}{y} & (0 < x < 1) \\ y(0) = 1 \end{cases}$。

在命令行窗口中输入以下命令, 并得出结果。

```
>> fun = inline('y - 2 * x/y');
>> [x,y] = euler1(fun,0,1,1,0.1)
x =
  1 至 7 列
       0    0.1000    0.2000    0.3000    0.4000    0.5000    0.6000
  8 至 11 列
  0.7000    0.8000    0.9000    1.0000
y =
  1 至 7 列
  1.0000    1.1000    1.1918    1.2774    1.3582    1.4351    1.5090
  8 至 11 列
  1.5803    1.6498    1.7178    1.7848
```

为了验证该方法的精度, 求出该方程的解析解为 $y = \sqrt{1 + 2x}$。

```
>> y1 =(1 +2 * x).^0.5
y1 =
  1 至 7 列
    1.0000  1.0954  1.1832  1.2649  1.3416  1.4142  1.4832
  8 至 11 列
    1.5492  1.6125  1.6733  1.7321
```

通过图像来直观地展示欧拉法精度：

```
>> plot(x,y,x,y1,'--')
```

欧拉法结果如图4.8所示。

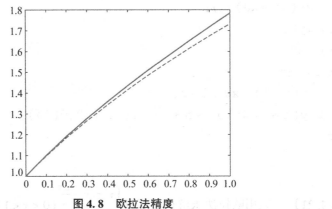

图 4.8　欧拉法精度

2. 龙格－库塔法

龙格－库塔法是求解常微分方程的经典方法，在 MATLAB 中提供了多个采用了该方法的函数命令，见表4.7。

表4.7　积分器

命令	说明
ode23	适用于非刚性场合，二阶、三阶 R－K 函数
ode45	适用于非刚性场合，四阶、五阶 R－K 函数，此命令最常用
ode113	适用于非刚性场合，求解更高阶或大的标量计算
ode15s	适用于刚性场合，多步法求解，精度较低
ode23s	适用于刚性场合，单步法求解，速度较快
ode23t	适用于适度刚性场合，解决难度适中的问题
ode23tb	适用于刚性场合，解决难度较大的问题

以上各种函数命令的主要调用方式如下。

➢ $[T,Y] = solver(odefun, tspan, y0)$

> $[\mathrm{T},\mathrm{Y}] = \mathrm{solver}(\,\mathrm{odefun},\mathrm{tspan},\mathrm{y0},\mathrm{options}\,)$

> $[\mathrm{T},\mathrm{Y},\mathrm{TE},\mathrm{YE},\mathrm{IE}] = \mathrm{solver}(\,\mathrm{odefun},\mathrm{tspan},\mathrm{y0},\mathrm{options}\,)$

> $\mathrm{sol} = \mathrm{solver}(\,\mathrm{odefun},[\,\mathrm{t0},\mathrm{tf}\,],\mathrm{y0}\cdots)$

其中，solver，可以是上述积分器中的任一命令；odefun，定义了微分方程的形式；tspan，是一个区间，$t_{\mathrm{span}} = [\,t_0,\ t_{\mathrm{final}}\,]$，定义微分方程的积分区间；$y_0$，初始条件；options，参数的设置要使用 odest 函数命令，其调用格式如下。

> $\mathrm{options} = \mathrm{odeset}(\,'\mathrm{name1}^{\prime},\mathrm{value1},'\mathrm{name2}^{\prime},\mathrm{value2},\cdots)$：创建一个参数结构，对指定的参数名进行设置，未设置的参数将使用默认值。

> $\mathrm{options} = \mathrm{odeset}(\,\mathrm{oldopts},'\mathrm{name1}^{\prime},\mathrm{value1},\cdots)$：对已有的参数结构 oldopts 进行修改。

> $\mathrm{options} = \mathrm{odeset}(\,\mathrm{oldopts},\mathrm{newpots}\,)$：将已有参数结构 oldpots 完整转换为 newopts。

> odeset：显示所有参数的可能值与默认值。

options 具体的设置参数见表 4.8。

表 4.8　设置参数

参数	说明
RelTol	求解方程允许的相对误差
AbsTol	求解方程允许的绝对误差
Refine	与输入点相乘的因子
OutputFcn	一个带有输入函数名的字符串，将在求解函数的每一步被调用：二维相位图（odephas2）、三维相位图（odephas3）、解图形（odeplot）、中间结果（odeprint）
OutputSel	整型变量，定义应传递的元素，尤其是传递给 OutputFcn 的元素
Stats	若为"on"，统计并显示计算过程中的资源消耗
Jacobian	若要编写 ODE 文件返回 $\mathrm{d}F/\mathrm{d}y$，设置为"on"
Jconstant	若 $\mathrm{d}F/\mathrm{d}y$ 为常量，设置为"on"
Jpattern	若要编写 ODE 文件，返回带零的系数矩阵并输出 $\mathrm{d}F/\mathrm{d}y$，设置为"on"
Vectorized	若要编写 ODE 文件，返回 $[F(t,y_1)\ \ F(t,y_2)\ \cdots]$，设置为"on"
Events	若 ODE 文件中带有参数"events"，设置为"on"
Mass	若要编写 ODE 文件，返回 M 和 $M(t)$，设置为"on"
MassConstant	若矩阵 $\boldsymbol{M}(t)$ 为常量，设置为"on"
MaxStep	定义算法使用的区间长度上限
InitialStep	定义初始步长，若给定区间太大，算法就使用一个较小的步长
MaxOrder	定义 ode15s 的最高阶数，应为整数 $1\sim5$
BDF	若要推导微分公式，设置为"on"，仅供 ode15s
NormControl	若要根据 $\mathrm{norm}(e) \leqslant \max(\mathrm{Reltol} * \mathrm{norm}(y),\mathrm{Abstol})$ 来控制误差，设置为"on"

【例 4.22】 利用龙格－库塔法求解初值问题 $\begin{cases} y' = y - \dfrac{2x}{y} \ (0 < x < 1) \\ y(0) = 1 \end{cases}$。

在程序编辑窗口中编写以下语句，并以 **g. m** 为名存入相应的子目录。

```
function g = g(x,y)
g = y - 2 * x/y;
end
```

在命令行窗口中输入以下命令，并得出结果。

```
>> [t,x] = ode45('g',[0,1],1)
t =
         0
    0.0250
    0.0500
    ...
    0.9500
    0.9750
    1.0000
x =
    1.0000
    1.0247
    1.0488
    ...
    1.7029
    1.7176
    1.7321
```

为了验证该方法的精度，求出该方程的解析解为 $y = \sqrt{1 + 2x}$。

```
>> y1 = (1 + 2 * t).^0.5
y1 =
    1.0000
    1.0247
    1.0488
    ...
    1.7029
    1.7176
    1.7321
```

通过图像来直观地展示龙格 – 库塔法精度：

```
>> plot(t,x,t,y1,'o')
```

龙格 – 库塔法结果如图4.9所示。

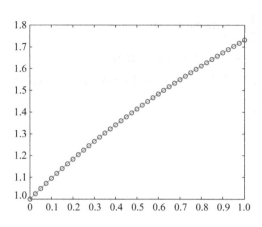

图 4.9　龙格 – 库塔法精度

4.5　本章小结

本章主要内容为 MATLAB 的数据分析与处理。首先介绍了数据的插值与拟合，插值方法主要讲解了拉格朗日插值法、埃尔米特插值法和分段线性插值法。接着举例说明了数值微积分及函数零极点的求解方法。最后针对常微分方程，分别举例阐述了解析解与数值解的求法。

习题

1. 用拉格朗日插值法对表 4.9 中的数据在 $[0,8]$ 区间以 0.1 为步长进行插值，求出 $x=8$ 时的近似值。

表 4.9　习题 1 数据

x	1	2	3	4	5
y	0.45	1.23	1.58	2.31	3.45

2. 用一个六次多项式在区间 $[0,2\pi]$ 内逼近函数 $\sin(x)$。

3. 对表 4.10 中的数据进行三次多项式拟合。

表 4.10　习题 3 数据

x	1	2	3	4	5	6	7	8	9
y	9	7	6	3	−1	2	5	7	20

4. 求 $I = \int_0^2 \dfrac{1}{x^3 - 2x - 5} \mathrm{d}x$ 的值。

5. 求 $y = x\sin(x)$ 在 $0 < x < 2\pi$ 范围内取极小值的点。

6. 求常微分方程 $xy'' - 5y' + x^3 = 0$，$y(1) = 0$，$y(5) = 0$ 的解。

第 5 章

MATLAB 绘图

数据可视化（Data Visualization）是指运用计算机图形学和图像处理技术，将数据转换为图形或图像在屏幕上显示出来，并进行交互处理的理论方法和技术。它涉及计算机图形学、图像处理、计算机辅助设计、计算机视觉及人机交互技术等多个领域，该技术的主要特点如下。

➢ 交互性：用户可以方便地以交互的方式管理和开发数据。

➢ 多维性：可以看到表示对象或事件的数据的多个属性或变量，而数据可以按其每一维的值进行分类、排序、组合和显示。

➢ 可视化：数据可以用图像、曲线、二维图形、三维图形和动画等来显示，并可以对其模式和相互关系进行可视化分析。

数据可视化可以大大加快数据的处理速度，使现实世界中时刻都在产生的大量数据得到有效的利用，帮助工程技术人员看到和了解过程中参数的变化对整体的动态影响，从而达到缩短研制周期、节省工程全寿命费用的目的，为发现和理解科学规律提供有力的支撑。

第 4 章已经介绍和分析了 MATLAB 在数据处理、运算和分析中的各种应用。和其他的科学计算工具类似，MATLAB 也提供了强大的图形编辑功能。用户可以直观地观察数据间的内在关系，也可以十分方便地分析各种数据结果。从最初的版本开始，MATLAB 就一直致力于数据的图形表示，在更新版本的时候不断地使用新技术来改进和完善可视化的功能。本章主要介绍 MATLAB 中的绘图方法，以及如何编辑图形、标记图形等。内容包括：

➢ 二维图形绘制。

➢ 符号函数的简易绘图。

➢ 三维绘图。

➢ 特殊图形。

5.1 二维绘图

5.1.1 plot 命令

plot 命令是 MATLAB 中绘制二维图形最常用的命令。该命令能够将数组中的数据绘制在相应的坐标平面上，形成连续的曲线图形。plot 命令的调用格式如下：

➤ plot($X1,Y1,\cdots$)：X_i 与 Y_i 成对出现，该命令将分别按顺序取两个数据 X_i 与 Y_i 绘图。

➤ plot($X1,Y1,LineSpec,\cdots$)：将按顺序分别绘出由 X_i，Y_i 和 LineSpec 这 3 个参数定义的线条，其中参数 LineSpec 指明了线条的类型、标记符号和绘制曲线用的颜色。

➤ plot($\cdots,'PropertyName','PropertyValue',\cdots$)：对所有用 plot 创建的 line 图形对象中指定的属性进行设置。

【例 5.1】　用 plot 命令绘制离散点。

```
% example_plot_1.m
% plot 函数绘图示例
% 生成自变量和因变量数组
x = [0 1 2;3 4 5;6 7 9];
y = [2 4 5;3 6 7;1 8 9];
% 绘制图形
plot(x,y);
```

上述例题中以向量 **x** 为横坐标、向量 **y** 为纵坐标绘制线性图时，要求向量 **x**，**y** 的长度必须相同，若 **x**，**y** 为同维矩阵，则以矩阵 **x**，**y** 的对应列向量绘制线性图。绘图结果如图 5.1 所示。

1. 线型、标记和颜色

plot($x,y,'s'$)：用于绘制不同的线型、标记符号和颜色的图形。其中，s 为字符，可代表不同的线型、标记符号和颜色。

【例 5.2】　用 plot 命令绘制带颜色、标记符号、线型参数的曲线示例。

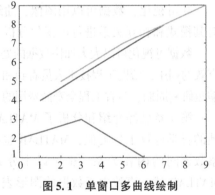

图 5.1　单窗口多曲线绘制

```
% example_plot_3.m
% plot 函数绘制曲线示例
% 产生一维自变量数组
x = [0,0.48,0.84,1,0.91,0.6,0.14];
% 绘制曲线,红色星号线,线宽为 4
plot(x,'-r*','linewidth',4);
grid on;
% 为图形加标注
title('向量 x 的线性图');
xlabel('向量 x 的下标');
ylabel('向量 x 的值');
```

例 5.2 的绘图结果如图 5.2 所示。在使用 plot 命令绘制曲线时，曲线的线型、标记符号和颜色属性可以根据情况来选择，从而能够更好地显示所绘制的曲线。如果没有指定 plot 的这些属性，系统将采用默认的实线线型及颜色来绘制图形。用户可以根据表5.1 对曲线的线型、标记符号和颜色进行设置。

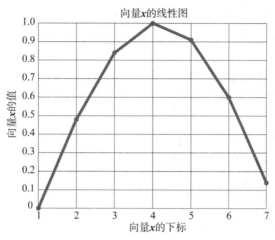

图 5.2　曲线线型、颜色和标记符号绘制示例

表 5.1　plot 命令的线型、标记和颜色属性

颜色符号	颜色名称	标记符号	标记名称	线型符号	线型名称
g	绿色	○	圆圈	:	点线
r	红色	×	叉号	-.	点画线
c	青色	+	加号	—	虚线
m	洋红	*	星号		
y	黄色	s	方形		
k	黑色	d	菱形		
w	白色	∨	向下三角形		
		∧	向上三角形		
		<	向左三角形		
		>	向右三角形		
		p	五角星		
		h	六角星		

2. 图形坐标轴设置

在进行图形绘制时，可以设置合适的坐标轴，使绘制的曲线达到最好的展示效果。

图形坐标轴的设置主要包括坐标轴的取向、范围、刻度及宽高比等参数。除此之外，必要的图形标注也能帮助用户更好地展示所需要的结果。

【例 5.3】 plot 绘制曲线示例：绘制函数 $y_1 = \sin(t)$，$y_2 = \cos(t)$。

```
% example_plot_3.m
% plot 命令绘制曲线示例
% 产生一维自变量向量
t = 0:0.1:10;
% 产生需要绘制的曲线向量
y1 = sin(t);y2 = cos(t);
% 绘制曲线
plot(t,y1,'r',t,y2,'b--');
% 使用 text 指令在曲线上进行标记
x = [1.7 * pi;1.6 * pi];
y = [ -0.3;0.8];
s = ['sin(t)';'cos(t)'];
text(x,y,s);
% 为绘图进行标注
title('正弦和余弦曲线');
legend('正弦','余弦');
xlabel('时间 t'),ylabel('正弦、余弦');
axis square;
```

例 5.3 的绘图结果如图 5.3 所示。表 5.2 为常见的坐标轴的属性设置参数和图形标注参数。

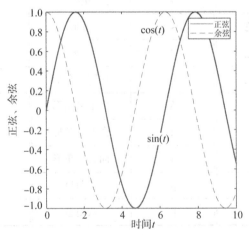

图 5.3　曲线图形坐标轴绘制示例

表 5.2 坐标轴参数和图形设置

命令	说明
axis([xmin xmax ymin ymax])	设置坐标轴的范围，包括横坐标和纵坐标
axis auto	坐标轴的刻度恢复为默认的设置
axis equal	设置屏幕的宽高比，使每个坐标轴具有均匀的刻度间隔
axis square	将坐标轴框设置为正方形
axis off	关闭所有坐标轴的标签、刻度和背景
axis on	打开所有坐标轴的标签、刻度和背景
title	给图形加标题
xlabel	给 x 轴加标注
ylabel	给 y 轴加标注
text	在图形指定位置加标注
gtext	使用鼠标将标注加到图形任意位置
grid on(off)	打开（关闭）坐标网格
legend	添加图例

【例5.4】 单窗口多条曲线绘制示例。

```
% example_plot_4.m
% plot 命令绘制曲线示例
% 产生一维自变量向量
t = 0:pi/100:2 * pi;
y = sin(t);y1 = sin(t + 0.25);y2 = sin(t + 0.5);
% 单窗口下绘制三条曲线
figure(1);
plot(t,y,'-',t,y1,'-',t,y2,'-');
figure(2);
plot(t,[y',y1',y2',],'--');
ishold;
title('Number2');
figure(3);
plot(t,y,'*');
hold on;    % 窗口锁定
plot(t,y1,'*');
plot(t,y2,'*');
ishold;
grid on;
```

例 5.4 的绘图结果如图 5.4 所示。该示例完成了单窗口中的多曲线绘制，用户可以使用不同的 plot 绘图语法得到同样的结果。hold on 命令可以在保持原来曲线不被删除的情况下叠加新的图形；逻辑判断函数 ishold 用来判断是否锁定绘图句柄，只有在当前图形句柄情况下，用户才可以对该图形窗口的 axis，title，grid，xlabel，ylabel 等命令做出响应。hold 命令的调用格式见表 5.3。

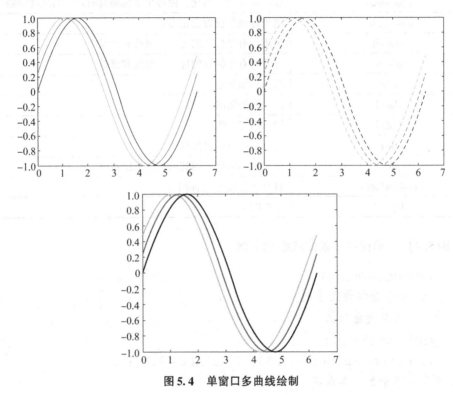

图 5.4　单窗口多曲线绘制

表 5.3　hold 命令的常见格式

格式	说明
hold on	使用 plot 绘图时，原来的坐标轴不会被删除，新的曲线将添加在原来的图形上，如果曲线超出当前的范围，坐标轴重新绘制刻度
hold off	将当前图形窗口中的图形释放，绘制新的图形
ishold	逻辑判断函数，用于确定是否锁定当前绘图句柄

当用户需要生成多个图形窗口，并且将不同的数据以不同的方式绘制在各个窗口中时，可以在命令窗口使用 figure(n) 命令。该命令中，n 为窗口编号。

3. 子图绘制

在一个图形窗口中可以包含多套坐标系，此时可以在一个图形窗口中绘制多个不同的子图来达到效果和目的。MATLAB 中可以使用 subplot 命令来绘制子图，该命令的调用格式见表 5.4。

表 5.4　**subplot 子图绘制命令的格式**

格式	说明
subplot(m,n,p)	将图形窗口分为 $m \times n$ 个子窗口，在第 p 个子窗口中绘制图形。子图的编号顺序为从左到右、从上到下，p 为子图编号
subplot(m,n,'align')	对齐坐标轴
subplot(m,n,p,'replace')	若在绘制图形时子图 p 已经绘制坐标系，此时将删除原来的坐标系，用新的坐标系来代替
subplot('position', [left bottom width height])	在指定位置创建新的子图，并将其设置为当前坐标轴，4 个参数均采用归一化的参数设置

【例 5.5】　使用 subplot 命令绘制示例。

```
% example_plot_5.m
% plot 命令绘制曲线示例
% 产生一维自变量向量
t = 0:pi/100:2 * pi;
y = sin(t);y1 = sin(t + 0.25);y2 = sin(t + 0.5);
% 多窗口绘制图形窗口 figure1
figure(1);
subplot(3,1,1);
plot(t,y)
subplot(3,1,2);
plot(t,y1,'-.')
subplot(3,1,3);
plot(t,y2,'*')
% 多窗口绘制图形窗口 figure2
figure(2);
subplot(2,2,1);
plot(t,y)
title('figure1');
subplot(2,2,2);
plot(t,y1,'-.')
grid on;
subplot(2,2,[3 4]);
plot(t,y2,'*')
xlabel('X');
ylabel('Y');
```

在上面的例子中，通过在两个图形窗口中绘制 3 个子图的方式演示了子图的绘制参数选择。在 2 号图形窗口（figure2）中，通过将参数 p 设置为向量形式，改变了子图的横坐标宽度，有效地利用了图形窗口的空间，使得图形能够根据用户不同的绘图需求来达到最合适的展示效果。图形窗口 figure1 和 figure2 的绘制结果分别如图 5.5 和图 5.6 所示。

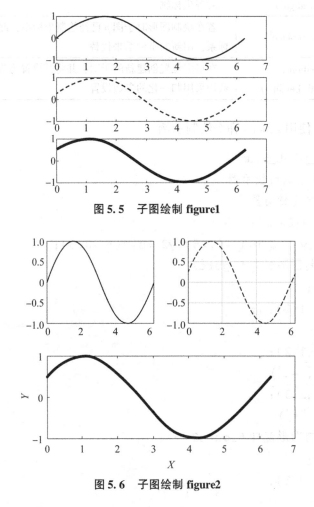

图 5.5　子图绘制 figure1

图 5.6　子图绘制 figure2

5.1.2　fplot 命令

使用 plot 命令绘制图形时，将函数数值转换为数值矩阵，进而连成曲线。在实际绘制过程中，如果不了解某个函数在某个区间范围内的变化形态，那么区间间隔可能选择不当，从而使所绘制的曲线严重失真；通过 fplot 命令绘制时，系统会通过自适应算法来选择自变量的间隔，当数值变化比较剧烈时，自变量的选择间隔会小一些，而函数值变化比较缓慢时，自变量的选择间隔会较大一些。fplot 命令常见的格式见表 5.5。

表 5.5　fplot 命令的常见格式

函数格式	说明
fplot(function, limits, tol, linespec)	function 为函数名称；limits 为坐标轴的选择范围，可以选择设置坐标轴（[xmin xmax ymin ymax]）；tol 表示函数的误差极限，默认为 2×10^{-3}；linespec 表示图形的线型、颜色、数据点等
[⋯] = fplot(function, limits, tol, n, linespec, p1, p2, ⋯)	该函数计算完毕后，将会把通过相关参数取值得到的数值向 p_1、p_2 等参数传递

【例 5.6】　使用 fplot 命令绘制示例。

```
% example_fplot.m
% 通过 fplot 命令绘制曲线
subplot(2,2,1);
fplot(@ humps,[0 1],'--');
% 等价于 function z = @ humps
subplot(2,2,2);
fplot(@ (x)abs(exp(-1j*x*(0:9))*ones(10,1)),[0 2*pi],2e-3);
% 等价于 function z = f(x)   z = abs(exp(-1j*x*(0:9))*ones(10,1);
subplot(2,2,3);
fplot(@ (x)[tan(x) sin(x) cos(x)],2*pi*[-1 1]);
subplot(2,2,4);
fplot(@ (x)sin(1./x),[0.01 0.1]);
```

用户可以根据格式绘制自己想要的图形，绘制完毕后的图形如图 5.7 所示。@ 是用于定义函数句柄的操作符。函数句柄是一种变量，可以用于传参和赋值，也可以用作函数名。其表示方法有两种：一种是变量名 = @ 函数名（如本例中的子图 1）；另一种为变量名 = @（输入参数列表）运算表达式（如本例中的子图 2），两种表示方法的等价形式已在示例程序中标注。

5.1.3　ezplot 命令

ezplot 命令是一个易用的一元函数绘图命令。特别是在绘制含有符号变量的函数的图像时，ezplot 命令要比 plot 命令更方便。因为使用 plot 命令绘制图形时，要指定自变量的范围，而 ezplot 命令无须数据准备，可以绘制由字符串表达式或符号数学对象定义的函数图形。

【例 5.7】　使用 ezplot 命令绘图示例。

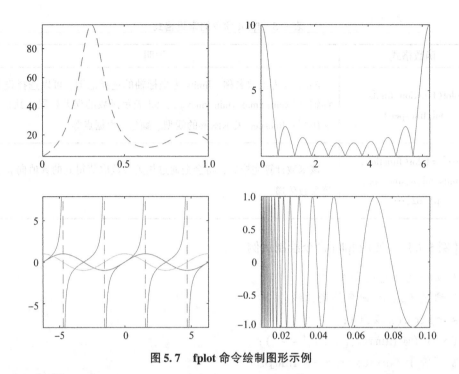

图 5.7　fplot 命令绘制图形示例

```
% example_ezplot.m
% 演示绘图 ezplot 命令
% 图形一:ezplot 调用格式一
figure(1);
ezplot('sin(x)');
% 图形二:ezplot 调用格式二
figure(2);
ezplot('x^2 +y^2 -4',[ -3,3]);
% 图形三:ezplot 调用格式三
ezplot('sin(x)','cos(y)',[ -4 * pi 4 * pi],figure(3));
```

本例中展示了 ezplot 命令绘图的 3 种常用调用格式，如图 5.8 所示。
ezplot 命令的常见格式见表 5.6。

5.1.4　交互式绘图

交互式绘图能够帮助用户完成一些绘图功能，直接从曲线上获取需要得到的数据结果。如 legend 命令在图形上生成图例框，使用户可以输入任何文本。ginput 命令可以帮助用户通过鼠标直接读取二维平面图形上任意一点的坐标值。除此之外，gtext，zoom 等命令也都可以配合鼠标使用，直接从图形上获取相关的坐标或图形信息。ginput 命令只能用于二维图形的选点，其他两个命令可以用于二维及三维的选点。ginput 命令的应用比较广泛，常用的格式见表 5.7。

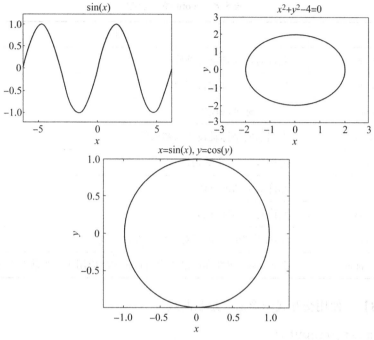

图 5.8　ezplot 命令绘制示例

表 5.6　ezplot 命令的常见格式

格式	说明
ezplot(f)	在区间 $[-\pi, 2\pi]$ 范围内绘制函数 f 的曲线，其中 f 可以是字符表达式、符号函数、内联函数等，但都默认只适用于一维函数
ezplot(f,[min,max])	在用户自定义的取值区间内绘制函数曲线 f
ezplot(f,[min,max],fig)	在指定的图形中绘制函数 f 的曲线

表 5.7　ginput 命令的常见格式

格式	说明
[x,y] = ginput(n)	用鼠标从二维图形上截取 n 个数据点的坐标，按 Enter 键结束选点
[x,y] = ginput	取点的数目不受限制，结果都保存在数组 $[x, y]$ 中，按 Enter 键结束选点
[x,y,button] = ginput(⋯)	返回值 button 记录每个点的相关信息

在用 ginput 命令选取点的信息时，常常和 zoom 命令一同配合使用。zoom 命令同样也适用于二维图形的缩放，和常见的 Windows 缩放功能类似，默认的缩放规律为单击鼠标左键将图形放大，或者圈选一定的区域对图形进行放大；单击鼠标右键后，对图形进

行缩小操作。常用的 zoom 命令功能见表 5.8。

表 5.8　zoom 命令功能

格式	说明
zoom on	允许对坐标轴进行缩放
zoom off	禁止对坐标轴进行缩放
zoom out	恢复坐标轴的设置
zoom reset	将当前的坐标轴设置为初始值
zoom	进行 zoom 命令的切换
zoom xon	允许对 x 轴进行切换
zoom yon	允许对 y 轴进行切换
zoom(factor)	factor 作为缩放因子对坐标轴进行缩放
zoom(fig,option)	上述 zoom 属性都可以作为 option 选项应用于除当前图形之外的图形

【例 5.8】　使用交互式图形命令绘制曲线。

```
% example_ginput.m
% 鼠标左键选择数据点,鼠标右键完成选择
% 定义绘图区域属性
axis([0 15 0 15]);
grid on;
hold on;
title('Draw spline by picked points');
xy =[];
n = 0;
disp('提示:鼠标左键选择点,鼠标右键结束选择');
but = 1;
% 开始选择点
while but ==1
    % 用鼠标选择一个点
    [xi,yi,but] = ginput(1);
    plot(xi,yi,'bp');
    n = n +1;
    xy(:,n) =[xi;yi];
end
t = 1:n;
```

```
ts =1:0.1:n;
% 绘制样条曲线
xys = spline(t,xy,ts);
plot(xys(1,:),xys(2,:),'r -','linewidth',2);
hold off;
```

执行上面的脚本文件之后，在弹出的图形对话框中，可以通过单击鼠标左键选择点，单击鼠标右键后完成选点过程。当所有点选择完成后，单击鼠标右键可以根据所选择点的信息生成样条曲线，如图 5.9 所示。

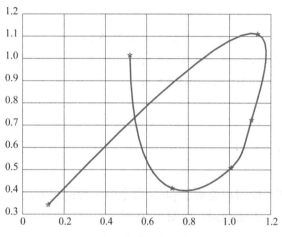

图 5.9　交互式绘制样条曲线示例

在绘制图形的程序执行过程中，常常会刷新屏幕。然而并不是每个命令都能刷新屏幕，如 plot、axis、grid 等命令可以刷新屏幕，但是当这些命令出现在脚本文件或函数文件中时，屏幕只刷新一次。

5.2　三维绘图

在实际的工程计算中，常常需要将结果表示成三维图形，MATLAB 语言为此提供了相应的三维图形的绘图功能。这些绘图功能与二维图形的绘制有很多类似之处，最常用的三维绘图是绘制三维曲线图、三维网格图和三维曲面图 3 种基本类型。本节将通过示例对相关的命令进行介绍。

5.2.1　plot3 命令

与 plot 命令绘制二维曲线一样，plot3 命令主要用于绘制三维曲线，但在输入参数时，用户需要输入第三个参数数组。plot3 命令的主要命令格式为：

```
plot3(x,y,z,LineSpec,'PropertyName',PropertyValue,...)
```

在该命令中，如果 x，y 和 z 是同维数组（向量或矩阵），则在绘制过程中分别以对应列的元素作为 x，y，z 坐标，曲线的个数等于数组的列数。参数 LineSpec 用于定义曲线的线型、颜色和数据点，PropertyName 和 PropertyValue 分别代表属性名和属性值。

【例 5.9】 使用 plot3 命令绘图示例。

```matlab
% example_plot3.m
% 使用函数 plot3 绘制三维曲线
t = 0:pi/50:10*pi;
% 图形一:设置线宽参数
figure(1);
plot3(cos(t),sin(t),t,'linewidth',3);
x = 0.1*exp(t/20).*cos(2*t);
y = 0.1*exp(t/20).*sin(2*t);
% 图形二:设置曲线线型
figure(2);
plot3(x,y,t,'--');
grid on;
```

本示例的两张图形向用户展示了 plot3 命令的一般调用方法，坐标轴、标记等设置方法和绘制二维图时的方法相同，如图 5.10 所示。

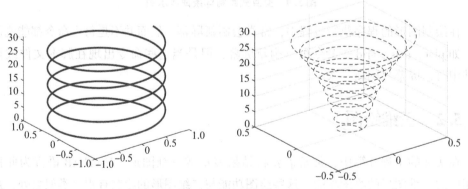

图 5.10　plot3 命令绘图示例

5.2.2　mesh 命令

在对三维数据进行分析处理时，常常还需要绘制三维曲线或曲面的网格图。三维网格图的绘制相当于通过 xy 平面上的 z 坐标定义一个网格面，相邻的点通过直线连接起来。网格节点就是 z 的数据点。在 MATLAB 中，网格图常用 mesh 命令来绘制，该命令与 plot3 命令不同的是，它可以绘出在某一区间内完整的曲面，而不是单根曲线。mesh 命令的常用格式见表 5.9。

表 5.9　mesh 命令的常见格式

格式	说明
mesh(z)	以 z 矩阵的列和行的下标为 x 轴和 y 轴的自变量来绘制网格图
mesh(x,y,z)	x 和 y 为自变量矩阵，z 为建立在 x 和 y 之上的函数矩阵
mesh(x,y,z,c)	与上面命令相比，指定矩阵 z 在各点的颜色矩阵

【例 5.10】　使用 mesh 命令绘图示例。

```
% example_mesh.m
% 使用 mesh 命令绘制三维曲线
% 生成自变量向量变量
% 自变量的标度选取会影响图形的疏密
x = -4:0.5:4;
y = x';
p = sqrt((ones(size(y))*x).^2 +(y*ones(size(x))).^2) +eps;
z = sin(p)./p;
mesh(z);
% 或者使用 mesh(x,y,z),二者的表达意义不同,但结果相同
hidden on;
% 透视指令,hidden off 代表打开透视,图像会显示曲线后方原本看不到的曲线
xlabel('x - axis'),ylabel('y - axis'),zlabel('z - axis');
```

执行后得到的展示图如图 5.11 所示，默认情况下 grid 都是打开的。如果用户想要改变所显示的网格面的颜色属性，可以在显示的图形窗口中选择 "Edit" 命令打开 "Colormap" 对话框，在对话框中可以对颜色进行改变和设置。

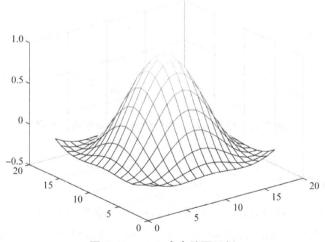

图 5.11　mesh 命令绘图示例

除此之外，系统还提供了 meshz 命令和 meshc 命令两种变体形式，这两种 mesh 变体命令的区别在于 meshc 命令在三维曲面图的下方绘制等值线图，而 meshz 命令的作用在于增加边界绘图功能。下面对这两个函数的区别通过例子进行说明。

【例 5.11】 使用 meshz 命令和 meshc 命令绘制图形示例。

```
% example_meshz/meshc.m
% 使用命令 meshz/meshc 绘制三维曲线
% 生成自变量向量变量
[x,y,z]=peaks(30);
% 设定绘制于窗口子图中
subplot(2,1,1);
% 图形一:meshz 图形
meshz(z);
% 设定绘制于窗口子图中
subplot(2,1,2);
% 图形二:meshc 图形
meshc(z);
```

图 5.12 是使用 meshz 命令和 meshc 命令绘制后得到的图形。

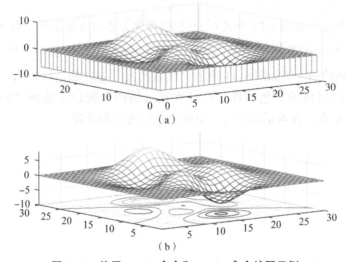

图 5.12　使用 meshz 命令和 meshc 命令绘图示例

（a）使用 meshz 命令；（b）使用 meshc 命令

5.2.3　surf 命令

和 mesh 图相比，通过 surf 命令绘制的曲面图，使曲面上的所有网格都填充颜色。该命令格式与表 5.9 所示的 mesh 命令的格式相同，参数设置也大致相同。在 surf 命令中，还提供了平面阴影（shading flat）、插值阴影（shading interp）等命令。

【例 5.12】　使用 surf 命令绘制曲面图示例。

```
% example_surf.m
% surf 命令绘制表面图
[x,y,z]=peaks(30);% peaks 为 MATLAB 自动生成的三维测试图形
% Figure1:一般的 surf 命令绘制
% 设定绘制在窗口子图中
subplot(2,2,1);
surf(x,y,z);
title('Figure1: surf of peaks');
% Figure2:平面阴影
% 设定绘制在窗口子图中
subplot(2,2,2);
surf(x,y,z);
shading flat;
title('Figure2: surf with shading flat');
% Figure3:插值阴影
% 设定绘制在窗口子图中
subplot(2,2,3);
surf(x,y,z);
shading interp;
title('Figure3: surf with shading interp');
```

执行上述命令后得到如图 5.13 所示的 surf 图形，并应用平面阴影、插值阴影命令展示与普通 surf 图形的区别。

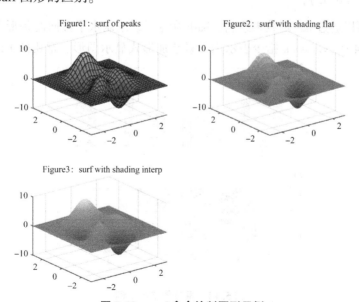

图 5.13　surf 命令绘制图形示例

5.3 特殊图形

前面的章节主要介绍的是在均匀坐标轴刻度下的绘图，但在很多情况下，仅在均匀坐标轴刻度下绘制曲线和数据点并不能完全满足运算要求。为此，MATLAB 提供了其他一些特殊绘图命令来绘制图形。

5.3.1 二维特殊图形命令

特殊图形绘制命令可以完成一定的绘图任务和要求，下面将通过具体示例介绍二维图形的绘制。

1. bar 命令

【例 5.13】 使用 bar 命令绘制直方图。

```
% example_bar.m
% 绘制二维直方图
% 产生 4×4 的魔方矩阵作为数据输入
y = magic(4);
% 设定绘制于窗口子图中
subplot(2,1,1);
bar(y);
% 设定绘制于窗口子图中
subplot(2,1,2);
% stack:用元素叠加形式显示条形,条形高度是每行元素的总和
bar(y,'stack');
```

直方图可以通过 bar 函数来绘制，barh 命令可以绘制水平方向的条形图。上述示例结果如图 5.14 所示。stack 指令表示用元素叠加形式显示图形。常用的 bar 命令调用格

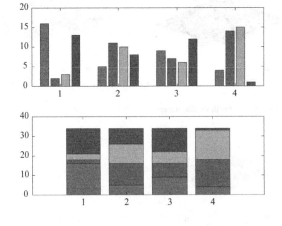

图 5.14 直方图绘制示例

式见表 5.10。

表 5.10　常见的 bar 命令调用格式

格式	说明
bar(y)	为一维数组 y 的每一个元素绘制一个条形
bar(x,y)	在横坐标向量 x 上绘制直方图 y，x 的元素严格按照递增方式排列
bar(…,width)	参数 width 用于设置直方图条形的相对宽度和条形之间的间距
bar(…,'style')	设置条形的形状类型，可以选择参数如 group，stack，detached 等

2. pie 命令

饼图常用来绘制比例类的数据，用于显示各个数据项与总和之间的关系，强调的是部分与整体的关系。常见的 pie 命令调用格式见表 5.11。

表 5.11　pie 命令的常见调用格式

格式	说明
pie(x)	绘制向量 x 的饼图，x 中的每一个元素就是饼图中的一个扇形部分
pie(x,explode)	参数 explode 和 x 是同维数组，如果 explode 有非零元素，x 数组中的对应元素在饼图中将向外移出元素数值大小，以突出显示
pie(…,labels)	参数 labels 用于标识饼图上的扇形

【例 5.14】　使用 pie 命令绘制图形示例。

```
% example_pie.m
% 饼图绘制示例
% 向量参数设定
x =[1 3 0.5 2.5 2];
% 向外移出元素大小,用于突出显示
explode =[0 1 0 0 0];
pie(x,explode,{'a','b','c','d','e'});
title('figure a: pie');
```

执行上述文件后得到如图 5.15 所示的图形。

3. stem 命令

离散杆图也是一种常见的图形类型，将坐标点和 x 坐标轴连接起来表示数据。stem 命令的常见格式见表 5.12。

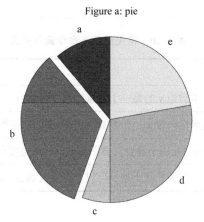

图 5.15　pie 命令绘图示例

表 5.12　stem 命令的常见格式

格式	说明
stem(y)	绘制向量 y 的离散杆图，此时将沿 x 坐标轴等距、由系统自动产生的数值列作为 x 位置
stem(x,y)	向量 x 和 y 是同维向量，以 x 为横坐标、y 为离散杆纵坐标
stem(⋯,LineSpec)	在此格式中，可以设置离散杆的线型

【例 5.15】　绘制曲线的误差线图形。

```
% example_stem.m
x = 0:30;
y = [exp( -.07 * x). * cos(x);exp(.05 * x). * cos(x)]';
h = stem(x,y);
set(h(1),'MarkerFaceColor','blue');
set(h(2),'MarkerFaceColor','red','Marker','square');
hold on;
plot(x,y);
hold off;
title('Figure: stem example');
legend('exp( -0.07 * x). * cos(x)','exp(0.05 * x). * cos(x)');
```

执行上述文件后，生成的二维离散杆图如图 5.16 所示。为了便于比较，使用 plot 命令将这些点连接起来。

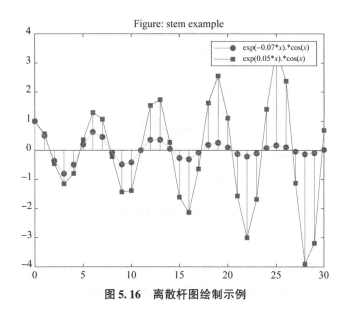

图 5.16　离散杆图绘制示例

5.3.2　三维特殊图形命令

1. cylinder 命令

【例 5.16】　三维陀螺锥面图形绘制示例。

```
% example_cylinder.m
% 自变量向量设置
t1 =0:0.1:0.9;
t2 =1:0.1:2;
% 半径向量设置
r =[t1 - t2 +2];
% 绘制陀螺图形
cylinder(r,30);
grid off;
```

其中，*r* 为半径向量；*n* 为柱面圆周等分数。执行程序后得到的结果如图 5.17 所示。

2. contour3 命令

【例 5.17】　三维等值线图绘制示例。

```
% example_contour3.m
% contour3 命令绘制
[x,y] =meshgrid([ -2:.25:2]);
z =x. * exp( -x.^2 -y.^2);
```

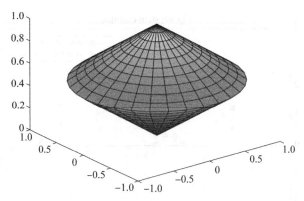

图 5.17　三维陀螺锥面图绘制示例

```
contour3(x,y,z,30);
% 设置图形表面颜色
surface(x,y,z,'EdgeColor',[.3 .5 .2],'FaceColor','none');
grid off;
colormap hot;
```

绘制结果如图 5.18 所示。除上述特殊图形之外，还有许多特殊函数可供用户绘制所需的图形，表 5.13 汇总了部分特殊的二维和三维图形函数，用户可以自行学习使用。

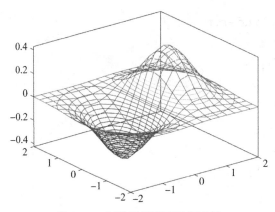

图 5.18　三维等值线图绘制示例

表 5.13　二维、三维特殊图形命令

命令	说明	命令	说明
bar/bar3	二维条形图/三维条形图	comet/comet3	二维彗星图/三维彗星轨迹图
area	二维填充绘图	pie/pie3	二维饼图/三维饼图
errorbar	二维误差带图	stem/stem3	二维离散数据图/三维离散数据图

命令	说明	命令	说明
hist	二维柱状图	quiver/quiver3	二维向量场/三维向量场
stairs	二维阶梯图	sphere	球面图
cylinder	三维柱面图		

5.4　三维图形的高级设置

　　三维图形比二维图形包含更多的信息，因此在实际中得到了更广泛的应用。对于三维图形，考虑其复杂性，若对其赋予更多的属性，则可以得到更多的信息。如对于一幅三维图像，从不同的角度观察可以得到不同的信息，并得到更加直观的效果。本节介绍三维图形展示的高级设置，包括图形的查看方式、光照控制等。另外，三维图形还有很多其他的属性控制方法，例如旋转、材质属性、透明控制等，因篇幅有限，不能一一介绍，读者可查阅相关的帮助文档。

5.4.1　视点控制

　　为了使图形的效果更逼真，有时需要从不同的角度观察图形。MATLAB 语言提供了 view，viewmtx 和 rotate3d 这 3 个命令进行这些操作。其中，view 命令主要用于从不同的角度观察图形；viewmtx 命令给出指定视角的正交变换矩阵；rotate3d 命令可以让用户使用鼠标来旋转视图。这里只介绍 view 命令，其调用语法如下：

　　➤ view(az,el)：设置查看三维图的 3 个角度。其中，az 是水平方位角，从 y 轴负方向开始，以逆时针方向旋转为正；el 是垂直方位角，以向 z 轴方向的旋转为正，向 z 轴负方向的旋转为负。默认的三维图视角为：az = − 37.5，el = 30。当 az = 0，el = 90 时，其观看效果是一个二维图形。

　　➤ view([x,y,z])：设置在笛卡尔坐标系下的视角，而忽略向量 x，y 和 z 的幅值。

　　➤ view(2)：设置为默认的二维视角，即 az = 0，el = 90。

　　➤ view(3)：设置为默认的三维视角，即 az = − 37.5，el = 30。

　　➤ view(T)：根据转换矩阵 T 来设置视角，T 是一个由 viewmtx 产生的 4 × 4 转换矩阵。

　　➤ [az,el] = view：返回当前的 az 和 el 值。

　　➤ T = view：返回一个转换矩阵 T。

绘制 peaks 函数的表面图，并使用不同的视角观察图形。

【例 5.17】　view 命令的绘制示例。

```
% view 命令的绘制示例
[x,y,z] = peaks(30);
```

```
subplot(2,1,1);
surf(x,y,z);
% 默认的三维视角
view(3)
subplot(2,1,2);
surfc(x,y,z);
view(30,60)
```

以上代码运行的结果如图 5.19 所示。

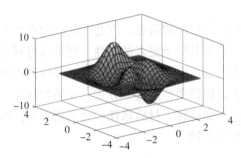

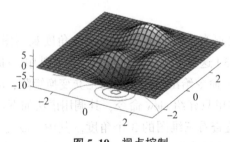

图 5.19　视点控制

5.4.2　光照控制

MATLAB 语言提供了许多命令，可以在图形中对光源进行定位，并改变光照对象的特征，见表 5.14。

表 5.14　MATLAB 中的图形光源操作命令

函数	说明
camlight	设置并移动摄像头光源
lightangle	在球坐标下设置或定位一个光源
light	设置光源
lightning	选择光源模式
material	设置图形表面对光照的反应模式

【例 5.18】　光照控制绘图示例。

```
% 光照控制绘图示例
[x,y,z] = peaks(30);
surfc(x,y,z);
colormap hsv;
axis([ -3 3 -3 3 -10 10]);
light('Position',[ -20,20,5])
```

光照控制代码执行后的绘图结果如图 5.20 所示。

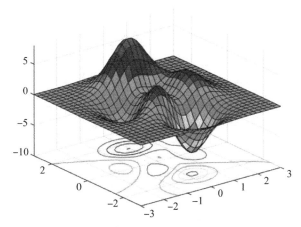

图 5.20　光照控制绘图结果

5.5　本章小结

本章主要介绍了 MATLAB 2018b 的图形绘制功能，主要包括二维曲线绘制、三维图形绘制及特殊图形的绘制等。二维曲线的绘制主要是通过 plot，fplot，ezplot 命令将平面上的数据连接起来形成平面图形；三维图形的绘制使用 plot3，mesh，surf 命令等绘制立体的曲面图及多种形态的立体图形；特殊图形的绘制则根据数据的特点使用 bar，pie，stem，cylinder，contour3 等命令绘制个性化的图形，便于用户对数据进行分析处理和挖掘数据中的深层信息。视点控制和光照控制等丰富的图像后处理功能也可以为用户在数据后处理方面提供便利。

习题

1. 绘制曲线 $y = x^3 + x + 1$，x 的取值范围是 $[-5, 5]$。

2. 有一组测量数据满足 $y = e^{-at}$，t 的变化范围为 $0 \sim 10$，用不同的线型和标记符号画 $a = 0.1$，$a = 0.2$ 和 $a = 0.5$ 三种情况下的曲线，并添加标题 $y = e^{-at}$ 和图例框。

3. $x = \begin{bmatrix} 66 & 49 & 71 & 56 & 38 \end{bmatrix}$，绘制饼图，并将第五个切块分离出来。

4. 已知 $z = xe^{-x^2-y^2}$，当 x 和 y 的取值范围均为 $-2 \sim 2$ 时，用建立子窗口的方法在同一个图形窗口中绘制出三维线图、网线图、表面图和渲染效果的表面图。

5. 用 sphere 函数产生球面坐标，绘制透明网线图、带剪孔的表面图，以及更改带剪孔的表面图的坐标系为正方形，使球面看起来是圆形而非椭圆形，然后关闭坐标轴显示。

6. 绘制 peaks 函数的表面图，用 colormap 函数改变预置图形的颜色，并观察色彩的分布情况。

第6章

机器人工具箱建模与仿真

6.1 机器人工具箱

本节主要介绍 MATLAB 中一种可用于机器人建模与仿真的工具——机器人工具箱（Robotic Toolbox for MATLAB）及其功能、特点和安装方式。

6.1.1 机器人工具箱简介

MATLAB 中的机器人工具箱是由澳大利亚 Pinjarra Hills 的联邦科学与工业研究组织的 Peter I. Corke 学者编写的第三方工具箱。该工具箱可以用来进行多关节机械臂机器人和移动式机器人的研究和仿真，并提供了许多典型的机器人研究和仿真功能。对于多关节机械臂机器人，工具箱提供了包括运动学求解、轨迹生成、动力学求解和控制等相关函数。对于移动式机器人，工具箱提供了包括路径规划、运动学规划、定位、地图构建及同时进行定位和地图绘制（SLAM）等的相关函数。

机器人工具箱包含函数和类，这些函数和类以矩阵、四元数、矩阵幂等表示二维和三维的方向与姿态，并且提供了用于在这些数据类型之间进行计算和转换的函数。此外，工具箱使用非常通用的方法将串联多关节机械臂机器人的运动学和动力学表示为 MATLAB 对象，用户可以为任何串联多关节机械臂机器人创建模型。工具箱还提供了许多典型机器人的示例（如 Puma 560 和 Stanford 机械臂机器人等）。

相比其他的工具，该工具箱的优点是代码成熟，并为相同算法的不同实现提供了对比点，代码大多以简单易懂的方式编写，容易理解，但这也可能会以牺牲效率为代价。如果用户想提高计算效率，可以重写该工具箱函数，并使用 MATLAB 编译器编译 M 文件，或者创建 MEX 版本。

6.1.2 机器人工具箱下载及安装

机器人工具箱可以从官方网址：http://www.petercorke.com/wordpress/toolboxes/robotics - toolbox 下载（本书使用版本为 RTB9.10）。

安装步骤如下：

①下载机器人工具箱并解压，解压后得到的 rvctools 文件夹包含 robot、simulink 和 common 等目录，将整个 rvctools 文件夹复制到 MATLAB 安装目录下的 toolbox 文件夹中。

②打开 MATLAB 软件，单击"设置路径"，在弹出的窗口中单击"添加文件夹"，添加 rvctools 文件夹的搜索路径。

③执行启动文件 startup_rvc. m，可以看到工具箱信息如下：

```
>> startup_rvc
Robotics, Vision & Control:(c) Peter Corke 1992 −2011 http://www.petercorke.com
 −Robotics Toolbox for MATLAB(release 9.10)
 − pHRIWARE ( release 1.1 ): pHRIWARE is Copyrighted by Bryan Moutrie(2013 −2019)(c)
```

④运行演示文件 rtbdemo，如果运行成功，则表明安装成功。运行结果如图 6.1 所示。

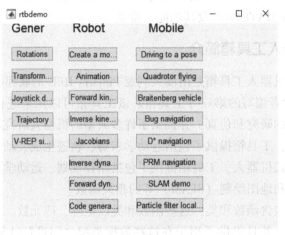

图 6.1　工具箱样例

6.2　机器人学基础

本节主要介绍机器人学的基础知识，包括刚体描述、连杆坐标系、正运动学、逆运动学和轨迹规划。

6.2.1　刚体的位姿描述及坐标变换

1. 位置描述

描述一个刚体的位置，首先需要建立一个坐标系，即确定是在哪个坐标系下描述刚体的位置。刚体在某一瞬时的位置是唯一的，但在不同坐标系下的描述却不尽相同。本书主要通过建立笛卡尔坐标系对刚体的位置进行描述。

如图 6.2 所示，建立坐标系 $\{A\}$，则刚体上任意一点都可以由一个 3×1 的位置向量 ${}^{A}\boldsymbol{P}$ 来表示。

2. 姿态描述

除了描述刚体的位置外，还经常需要描述其姿态。为了描述物体的姿态，将一个坐标系固定在刚体上，并给出此坐标系相对于参考坐标的描述。在图 6.3 中，坐标系 $\{B\}$ 是与刚体固连的坐标系，这样 $\{B\}$ 相对于 $\{A\}$ 的描述就足以表示出物体的姿态。

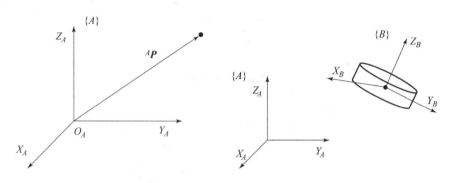

图 6.2　物体位置描述　　　　　图 6.3　物体姿态描述

用 (X_B, Y_B, Z_B) 表示坐标系 $\{B\}$ 的主轴方向，它们在坐标系 $\{A\}$ 中的描述如下：

$$\begin{cases} X_B = r_{11}X_A + r_{21}Y_A + r_{31}Z_A \\ Y_B = r_{12}X_A + r_{22}Y_A + r_{32}Z_A \\ Z_B = r_{13}X_A + r_{23}Y_A + r_{33}Z_A \end{cases} \qquad (6-1)$$

由这些系数构成的矩阵就是坐标系 $\{B\}$ 相对于坐标系 $\{A\}$ 的描述，称为旋转矩阵，用 ${}^A_B\boldsymbol{R}$ 表示。由于矢量 r_{ij} 可以表示为每个矢量在参考坐标单位方向上投影的分量，因此旋转矩阵也可表示为如下形式：

$$ {}^A_B\boldsymbol{R} = \begin{bmatrix} X_B \cdot X_A & Y_B \cdot X_A & Z_B \cdot X_A \\ X_B \cdot Y_A & Y_B \cdot Y_A & Z_B \cdot Y_A \\ X_B \cdot Z_A & Y_B \cdot Z_A & Z_B \cdot Z_A \end{bmatrix} \qquad (6-2)$$

3. 坐标系间的变换

（1）平移变换

在图 6.4 中，用矢量 ${}^B\boldsymbol{P}$ 表示点 P 在坐标系 $\{B\}$ 中的位置。坐标系 $\{B\}$ 与参考坐标系 $\{A\}$ 具有相同姿态，但经过了平移变换。以 ${}^A\boldsymbol{P}_B$ 表示 $\{B\}$ 的原点相对于 $\{A\}$ 的位置，则 P 点在坐标系 $\{A\}$ 中可表示为：

$$ {}^A\boldsymbol{P} = {}^B\boldsymbol{P} + {}^A\boldsymbol{P}_B \qquad (6-3)$$

（2）旋转变换

在图 6.5 中，坐标系 $\{B\}$ 与参考坐标系 $\{A\}$ 的姿态不同，原点重合。用矢量 ${}^B\boldsymbol{P}$ 表示点 P 在坐标系 $\{B\}$ 中的位置，通过引入旋转矩阵 ${}^A_B\boldsymbol{R}$，可以给出 P 点相对于坐标系 $\{A\}$ 的表示：

$$^A\boldsymbol{P} = {}_B^A\boldsymbol{R}^B\boldsymbol{P} \tag{6-4}$$

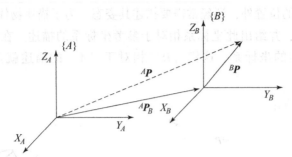

图 6.4 平移变换

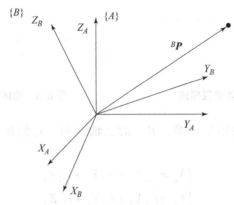

图 6.5 旋转变换

下面考虑一般情况，如图 6.6 所示。坐标系 $\{B\}$ 的原点与坐标系 $\{A\}$ 的原点不重合，有一个矢量偏移$^A\boldsymbol{P}_B$，同时使用$_B^A\boldsymbol{R}$ 描述 $\{B\}$ 相对于 $\{A\}$ 的旋转。已知$^B\boldsymbol{P}$，求$^A\boldsymbol{P}$。

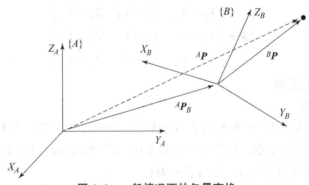

图 6.6　一般情况下的矢量变换

首先将$^B\boldsymbol{P}$ 变换到中间坐标系，该坐标系与 $\{A\}$ 的姿态相同，原点与 $\{B\}$ 的原点重合。然后用中间坐标系通过平移变换到参考坐标系。根据上节旋转变换和平移变换可得：

$$^A\boldsymbol{P} = {}_B^A\boldsymbol{R}^B\boldsymbol{P} + {}^A\boldsymbol{P}_B \tag{6-5}$$

将式（6－5）改写成矩阵形式：

$$\begin{bmatrix} {}^{A}\boldsymbol{P} \\ 1 \end{bmatrix} = \begin{bmatrix} {}^{A}_{B}\boldsymbol{R} & {}^{A}\boldsymbol{P}_{B} \\ \boldsymbol{O} & 1 \end{bmatrix} \begin{bmatrix} {}^{B}\boldsymbol{P} \\ 1 \end{bmatrix} \tag{6－6}$$

其中的 4×4 矩阵被称为齐次变换矩阵。它以一种简单的矩阵形式表示了一般变换的平移和旋转。

（3）绝对变换和相对变换

在图 6.7 中，由坐标系 {3} 变换至坐标系 {1} 共有以下两种方式：

➤ 坐标系 {1}～{3} 初始位置相同，首先坐标系 {3} 相对于坐标系 {2} 和 {1} 旋转和平移，变换矩阵为 ${}^{2}_{3}\boldsymbol{T}$。然后，坐标系 {3} 和 {2} 相对于坐标系 {1} 旋转和平移，变换矩阵为 ${}^{1}_{2}\boldsymbol{T}$。两个齐次变换矩阵顺序左乘，得到坐标系 {3} 相对于坐标系 {1} 的齐次变换矩阵为 ${}^{1}_{3}\boldsymbol{T} = {}^{1}_{2}\boldsymbol{T}{}^{2}_{3}\boldsymbol{T}$。

➤ 坐标系 {1}～{3} 初始位置相同，首先坐标系 {2} 和 {3} 一起相对于坐标系 {1} 旋转和平移，此时变换矩阵为 ${}^{1}_{2}\boldsymbol{T}$。然后，坐标系 {3} 相对于坐标系 {2} 旋转和平移，变换矩阵为 ${}^{2}_{3}\boldsymbol{T}$。两个齐次变换矩阵顺序右乘，得到坐标系 {3} 相对于坐标系 {1} 的齐次变换矩阵为 ${}^{1}_{3}\boldsymbol{T} = {}^{1}_{2}\boldsymbol{T}{}^{2}_{3}\boldsymbol{T}$。

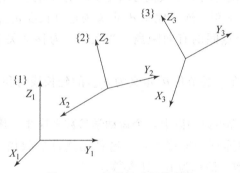

图 6.7　一般坐标系间的变换

由此可以发现，坐标系在固定坐标系中发生连续齐次变换时，若变换是相对于固定坐标系的，则齐次变换矩阵为左乘，称为绝对变换；若变换是相对于自身坐标系当前位姿的，则齐次变换矩阵为右乘，称为相对变换。

6.2.2　连杆描述及坐标系

1. 连杆参数

（1）连杆描述

在建立机构运动学方程时，为了确定机械臂两个相邻关节轴的位置关系，通常把连杆看作一个刚体。在描述连杆的运动时，一个连杆的运动可用两个参数描述，它们定义了空间两个关节轴之间的相对位置，如图 6.8 所示。

第一个参数是连杆长度。连杆长度 a_i 定义为关节轴 i 和关节轴 $i+1$ 之间的距离，即两轴公垂线的长度。

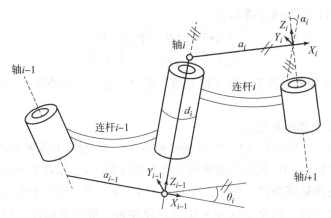

图 6.8　连杆参数及连杆间坐标系

第二个参数是连杆转角。过关节轴 $i+1$ 作一平面垂直于 a_i，将关节轴 i 投影到该平面上，在平面内，轴 i 按照右手定则绕 a_i 转向轴 $i+1$，两轴线间的夹角定义为连杆 i 的扭转角 α_i。

（2）连杆连接的描述

与连杆描述相同，仅需两个参数就可以完全确定所有连杆的连接方式。

第一个参数是连杆偏距。连杆偏距 d_i 定义为连杆长度 a_{i-1} 与关节轴 i 的交点到公垂线 a_i 与关节轴 i 的交点间的有向距离。当关节 i 为移动关节时，连杆偏距是一个变量。

第二个参数是关节角。关节角 θ_i 定义为 a_{i-1} 的延长线与和 a_i 之间绕关节轴 i 旋转所形成的夹角。

机械臂的每个连杆都可以用以上 4 个运动学参数来描述。其中两个用来描述连杆本身，另外两个用来描述连杆的连接关系。这种用连杆参数描述运动关系的规则称为 Denavit – Hartenberg 参数，简称为 D – H 参数。

2. 连杆坐标系

采用标准 D – H 法建立连杆坐标系的步骤如下：

①标出各关节轴的延长线。

②找出关节轴 i 和 $i+1$ 的公垂线或两轴的交点，以公垂线与轴 $i+1$ 的交点或轴和的交点为连杆坐标系 $\{i\}$ 的原点。

③规定 z_i 轴的指向。

④沿公垂线规定轴 x_i 指向，若关节轴 i 和 $i+1$ 重合，则沿垂直于关节轴所成平面方向规定轴 x_i 指向。

⑤通过右手定则规定轴 y_i 指向。

⑥当第一个关节变量为 0 时，规定坐标系 $\{0\}$ 和坐标系 $\{1\}$ 重合。对于坐标系 $\{N\}$，其原点与轴 x_N 的指向可以任意选取，但是在选取时，通常尽量使连杆参数为 0。

通过使用如上定义的附加坐标系，连杆的 D – H 参数可定义如下：

> ➤ 连杆长度 a_i：沿 x_i 轴由 z_{i-1} 到 z_i 的距离（非负）；
> ➤ 连杆转角 α_i：绕 x_i 轴由 z_{i-1} 转向 z_i 的角度（可正可负）；
> ➤ 连杆偏距 d_i：沿 z_{i-1} 轴由 x_{i-1} 到 x_i 的距离（可正可负）；
> ➤ 关节角 θ_i：绕 z_{i-1} 轴由 x_{i-1} 转向 x_i 的角度（可正可负）。

【注】另外一种比较常用的连杆坐标系的建立方法为改进 D–H 参数法（modified_DH）。与标准 DH 参数法不同的是，改进 DH 参数法中轴 i 上固连的是坐标系 $\{i\}$。在建立坐标系时，改进 DH 法先绕着 x_{i-1} 旋转和平移，再绕着 z_i 轴旋转和平移。

6.2.3　机器人运动学

机器人运动学包括正运动学和逆运动学。主要研究内容分别如下：

1. 正运动学

基于正运动学，利用各关节的角度信息，可以求得当前机器人的末端执行器位姿。通过建立机器人连杆坐标系，把机器人关节变量作为自变量，建立机器人正运动学模型，就可以求出机器人末端执行器对应关节变量的位姿。

2. 逆运动学

机器人逆运动学是正运动学的逆过程，是在已知末端位姿矩阵的条件下求解满足条件的各关节转角。串联机械臂机器人的逆运动学求解是非线性方程组的求解问题，比正运动学更加复杂，存在可解性、多解性等问题，并且非线性方程组没有通用的求解方法，目前常用的方法为解析方法和数值方法。逆运动学求解是对机器人进行轨迹规划、运动控制的基础。

【注】关于机器人正运动学和逆运动学的详细介绍见本章 6.4 节。

6.3　基本函数介绍

6.1 节和 6.2 节中简单介绍了机器人学的基础知识，包括机器人工具箱的介绍和机器人学的基础知识，本节将介绍机器人工具箱中包含的一些基本函数，并通过实例展示其基本应用。

6.3.1　Link 函数

该函数用于建立一个连杆对象。该对象包含对应连杆的所有属性，包括运动学参数、动力学参数、电动机驱动信息、传动信息等。

其基本调用格式为：

```
L = Link([theta,d,a,alpha,sigma])
```

其中，theta 表示关节角；d 表示连杆偏距；a 表示连杆长度；alpha 表示连杆转角；sigma 指定关节类型，0 为旋转关节，1 为平移关节（默认 0）。

【例 6.1】　创建一个关节角为 $\dfrac{\pi}{2}$，连杆长度为 0.3，连杆转角为 $\dfrac{\pi}{2}$ 的带有平移副的连杆。

程序如下：

```
l = Link([pi/2,0,0.3,pi/2,1])
```

程序执行结果如下：

```
l =
    theta = 1.571, d = q, a = 0.3, alpha = 1.571, offset = 0(P,stdDH)
```

此外，该函数还可以设置很多其他参数，例如质量 m、关节限制 q_{lim}、惯量矩阵 I、质心 r、电动机惯量 J_m 等。对这些参数初始化的程序如下：

```
L = Link('d',0,'a',0,'alpha',pi/2,...
        'I',[0,0.35,0,0,0,0],...
        'r',[0,0,0],...
        'm',0,...
        'Jm',200e-6,...
        'G', -62.6111,...
        'qlim',[ -pi,pi]);
```

Link 对象中还包含很多用于实现连杆的相关计算的函数。对创建的对象使用点运算符 + 函数名便可完成相关函数的调用，常用的对象函数见表 6.1。

表 6.1 Link 对象可调用的函数

函数名	函数功能	函数名	函数功能
islimit	测试关节是否超出软限制	isprismatic	判断对象是否为移动连杆
isrevolute	判断对象是否为旋转连杆	display	表格形式显示连杆参数
dyn	显示连杆动力学参数	friction	输出连杆关节摩擦力或力矩
A	求解连杆变换矩阵		

【例 6.2】 创建一个连杆偏距 d 为 0.5，连杆长度 a 为 0.3，连杆转角 α 为 $\frac{\pi}{4}$ 的转动副连杆，计算关节角 θ 为 $\frac{\pi}{2}$ 时连杆的齐次变换矩阵。

程序如下：

```
>> l = Link([pi/2,0.5,0.3,pi/4]);
>> l.A(pi/2)
```

程序执行结果如下：

```
ans =
    0.0000     -0.7071      0.7071      0.0000
    1.0000      0.0000     -0.0000      0.3000
         0      0.7071      0.7071      0.5000
         0           0           0      1.0000
```

6.3.2　SerialLink 函数

该函数可用于建立串联机器人对象，其中包括机器人的名称等基本信息、构成机器人的连杆信息及类函数，基本调用格式如下：

➤ R = SerialLink(LINKS, OPTIONS)：LINKS 为按序包含串联机器人连杆的数组。

➤ R = SerialLink(DH, OPTIONS)：DH 为机器人的 DH 参数，每行按 $[\theta, d, a, \alpha]$ 顺序排列，代表一个连杆。

➤ R = SerialLink([R1 R2 ⋯], OPTIONS)：将 R_1，R_2，⋯机器人串联；

➤ R = SerialLink(R1, options)：复制 R_1 到 R 中，二者参数完全相同。

option 中常用参数的设置见表 6.2。

表 6.2　SerialLink 构造函数中 option 可设置的参数

'name'，NAME	设置名称属性为 NAME
'manufacturer'，MANUF	设置生产商属性为 MANUF
'base'，T	设置基变换矩阵为 T
'tool'，T	设置工具变换矩阵为 T
'gravity'，G	设置重力矢量为 G
'plotopt'，P	设置 plot( ) 函数的默认属性为 P

【例 6.3】　建立具有两个连杆结构的机器人。

程序如下：

方法一：

```
>> L(1) = Link([0 0 1 pi/2]);
>> L(2) = Link([0 0 2 pi/2]);
>> Robot_L = SerialLink(L,'name','two link')
```

方法二：

```
>> DH = [0 0 1 pi/2;0 0 2 pi/2];
>> Robot_DH = SerialLink(DH,'name','two link')
```

程序执行结果如下:

方法一:

```
Robot_L =
     two link(2 axis, RR, stdDH, fastRNE)
     +  --+----------+----------+----------+----------+----------+
     |j|     theta|         d|         a|     alpha|   offset |
     +  --+----------+----------+----------+----------+----------+
     |1|        q1|         0|         1|     1.571|        0 |
     |2|        q2|         0|         2|     1.571|        0 |
     +  --+----------+----------+----------+----------+----------+
```

方法二:

```
Robot_DH =
     two link(2 axis, RR, stdDH, fastRNE)
     +  --+----------+----------+----------+----------+----------+
     |j|     theta|         d|         a|     alpha|  offset |
     +  --+----------+----------+----------+----------+----------+
     |1|        q1|         0|         1|     1.571|       0 |
     |2|        q2|         0|         2|     1.571|       0 |
     +  --+----------+----------+----------+----------+----------+
```

其中,RR 为关节配置字符串,每个字符代表相应的关节类型,R 是转动副,P 为移动副,此处表示该机器人由两个转动的关节组成;stdDH 表示使用标准 D－H 参数构建。

【注】采用方法二(D－H)建立的机器人模型都是转动关节,因此,建立具有平移关节的机器人模型时,需采用方式一。

SerialLink 的类函数包括显示机器人、动力学、逆动力学、雅可比等函数,此处主要介绍 plot 函数和 teach 函数。

➤ SerialLink. plot(Q,option):按照指定的关节变量和选项绘制机器人模型。Q 为指定的关节变量值,它可以是行向量,也可以是矩阵。当 Q 为矩阵时,执行结果为一组动画。可以通过设置 option 指定常用模式,见表6.3。

表6.3 SerialLink. plot 函数中 option 可设置的参数

'workspace',W	机器人3D工作空间大小为 W	'cylinder',C	设定关节颜色
'delay',D	动画延时	'ortho'	正交相机视角
'fps',fps	每秒显示帧数	'perspective'	透视相机视角
'movie',M	保存动画至文件 M 中	'[no] loop'	是否循环动画

➤ SerialLink. teach( )：用于可视化地驱动机器人运动。

【例6.4】　使用 teach 函数驱动六关节连杆机器人运动。

程序如下：

```
>> L1 = Link('d',0,'a',0,'alpha',pi /2);
>> L2 = Link('d',0,'a',0.5,'alpha',0,'offset',pi /2);
>> L3 = Link('d',0,'a',0,'alpha',pi /2,'offset',pi /4);
>> L4 = Link('d',1,'a',0,'alpha', -pi /2);
>> L5 = Link('d',0,'a',0,'alpha',pi /2);
>> L6 = Link('d',1,'a',0,'alpha',0);
>> robot = SerialLink([L1,L2,L3,L4,L5,L6] ,'name','arm -robot');
>> robot.teach()
```

程序运行结果如图 6.9 所示。

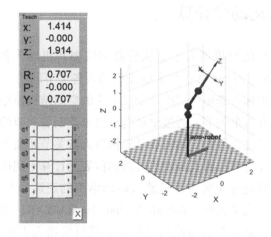

图 6.9　teach 函数演示

通过移动（或输入）$q_1 \sim q_6$ 的值来控制连杆机器人运动，同时可获取末端的坐标位置和 RPY 姿态。

6.3.3　变换矩阵求解函数

➤ T = transl(a,b,c)：计算平移变换的齐次变换矩阵。其中 a，b，c 分别代表沿参考坐标系 X，Y，Z 轴平移的距离。

➤ R = rotx(theta)：计算动坐标系沿参考坐标系 X 轴旋转 theta 角度时的旋转矩阵。

➤ R = roty(theta)：计算动坐标系沿参考坐标系 Y 轴旋转 theta 角度时的旋转矩阵。

➤ R = rotz(theta)：计算动坐标系沿参考坐标系 Z 轴旋转 theta 角度时的旋转矩阵。

【例6.5】　动坐标系先沿 X 轴旋转 60°，再沿 Y 轴旋转 90°，最后沿 Z 轴正方向平移5，求此动坐标系相对参考坐标系的齐次变换矩阵（以上变换均相对于参考坐标系)。

程序如下：

```
>> T = rotx(pi /3) * roty(pi /2) * rotz(pi /4)
>> T = [T zeros(3,1);zeros(1,3) 1];
>> T = transl(0,0,5) * T
```

程序运行结果如下：

```
T =
    0.0000   -0.0000    1.0000         0
    0.9659   -0.2588   -0.0000         0
    0.2588    0.9659    0.0000    5.0000
         0         0         0    1.0000
```

6.4　机器人运动学计算

机器人运动学主要研究机器人末端执行器的位姿和机器人各关节转角间的关系。6.2.2 小节中介绍了如何用 D－H 参数来描述机器人各关节间的空间位置关系，通过构建机器人关节的空间坐标系进而构建出整个机器人的空间结构模型。通常情况下，多关节工业机器人至少具有六个关节，通过驱动电动机来控制各关节的转动，从而控制机器人末端执行器的位姿变化，因此，如何在已知机器人各关节转角大小时计算得到机器人末端执行器的位姿或在已知机器人末端执行器的位姿时计算得到机器人各关节的转角大小尤为重要。这两个问题也正对应着机器人运动学中的正运动学和逆运动学的计算问题。MATLAB 中的机器人工具箱（Robotic Toolbox for MATLAB）提供了丰富的机器人运动学计算函数，本节主要讲解如何使用这些函数进行机器人正运动学和逆运动学的分析、雅可比矩阵求解及轨迹规划。

6.4.1　正运动学分析

为了在已知机器人各关节转角时得到末端执行器的位姿，可以首先给每个关节指定各自的关节坐标系，然后确定从一个关节到其相邻的下一个关节坐标系间的变换矩阵，该矩阵描述关节坐标系间的变换关系，通过依次变换可最终推导出末端执行器相对于基座坐标系的位姿，从而建立机器人的运动学方程。

机器人的末端执行器位姿 T 和各关节坐标组成的关节向量 q 的关系可以表述为如下函数形式：

$$T = \Gamma(q) \tag{6-7}$$

由 6.2 节可知，相邻两关节的坐标系间的变换可以由基本旋转和平移得到，可表述如下：

$$^{i-1}A_i = R(Z_{i-1}, \theta_i) T(Z_{i-1}, d_i) T(X_i, a_i) R(X_i, \alpha_i) \qquad (6-8)$$

若采用齐次变换，则末端执行器位姿可由单个关节间变换矩阵的连续乘积得到，如下式：

$$T = {}^0A_1^1 A_2^2 A_3 \cdots {}^{n-1}A_n \qquad (6-9)$$

基于这一矩阵变换关系，利用 MATLAB 强大的矩阵运算能力，可以在已知 D－H 参数和各关节转角时快速求解得到末端执行器的位姿。由于末端执行器的位姿可由 6 个自由度——3 个移动自由度和 3 个转动自由度来描述，故为了使末端执行器可以到达任意姿态，工业机器人的机械臂往往具有 6 个关节，也即 6 个自由度。本节即以 6 个关节的工业机器人 Staubli TX200 为例，使用 MATLAB 机器人工具箱，通过标准 D－H 参数建立机器人各关节的关节坐标系，进而构建机器人模型进行机器人的正运动学计算。

Staubli TX200 六轴重负载机器人能适应各种工作环境，能代替人工完成大多数简单重复性工作。如图 6.10（a）所示，该机器人主要由基座、回转主体、肩部、肘部、腕部等几部分构成。其中腕部由 3 个转动关节组成，以实现腕部的俯仰、翻滚与偏转。整个结构共有 6 个杆件和 6 个关节，具有 6 个自由度。该机器人的 D－H 参数见表 6.4。

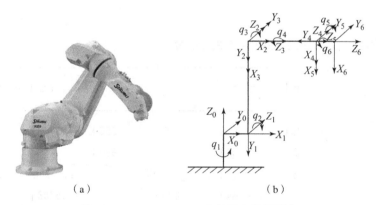

图 6.10　Staubli TX200 六轴重负载机器人

（a）实物图；（b）从基座到末端执行器的各关节坐标系

表 6.4　Staubli TX200 机器人的连杆机械臂的标准 D－H 参数

连杆 i	θ_i	d_i/mm	a_{i-1}/mm	α_{i-1}/（°）	θ_i 范围/（°）
1	θ_1	0	250	−90	−180～180
2	θ_2	0	950	0	−120～120
3	θ_3	0	0	90	−145～145
4	θ_4	800	0	−90	−270～270
5	θ_5	0	0	90	−120～120
6	θ_6	194	0	0	−270～270

首先通过 D－H 参数分别创建各关节对应的 Link 向量，Link 向量用来存储与机器

人关节连接相关的参数、如运动学参数、刚体惯性参数、电动机和传动参数等，并采用默认的标准 D – H 参数。

```
>> L1 =Link([0 0 250 -pi/2]);
>>L2 =Link([0 0 950 0]);
>>L3 =Link([0 0 0 pi/2]);
>>L4 =Link([0 800 0 -pi/2]);
>>L5 =Link([0 0 0 pi/2]);
>>L6 =Link([0 194 0 0]);
```

将以上 6 个 Link 向量传递给 SerialLink 类的构造函数，并把机器人命名为 "Staubli TX200"，将其作为绘图时的展示名称。

```
>> rbt =SerialLink([L1 L2 L3 L4 L5 L6],'name','Staubli TX200');
```

构造得到 SerialLink 对象，其详细信息如下：

```
>> rbt

rbt =
Staubli TX200:: 6 axis, RRRRRR, stdDH, fastRNE
+--+------------+------------+------------+------------+------------+
|j|    theta|         d|        a|   alpha| offset|
+--+------------+------------+------------+------------+------------+
|1 |     q1 |        0 |      250 |  -1.5708 |      0 |
|2 |     q2 |        0 |      950 |        0 |      0 |
|3 |     q3 |        0 |        0 |   1.5708 |      0 |
|4 |     q4 |      800 |        0 |  -1.5708 |      0 |
|5 |     q5 |        0 |        0 |   1.5708 |      0 |
|6 |     q6 |      194 |        0 |        0 |      0 |
+--+------------+------------+------------+------------+------------+
```

用 SerialLink 对象的 plot 函数方法构建 Staubli TX200 机器人三维模型展示图，如图 6.11 所示。Staubli TX200 机器人在标准 D – H 参数描述下从基座到末端执行器的各关节坐标系变换如图 6.10（b）所示，其中 $q_1 \sim q_6$ 分别表示机器人的关节变量，分别对应图 6.11 中轴 1 ~ 6 的转角。

SerialLink 对象的 fkine 函数可进行机器人的正运动学计算，该函数调用形式如下：

```
T =R.fkine(q, options)
```

该函数接受的输入参数 q 为各关节转角组成的一维行向量，默认采用弧度制输入，也可以添加参数 options 为 'deg' 来设置采用角度制输入，函数返回一个 4×4 的末端执行器位姿的齐次变换矩阵 T。给定 3 个机器人的典型位形（初始位形 q_z、展开位形 q_r

和一般位形 q_n）输入，分别如下：

$$\boldsymbol{q}_z = \begin{bmatrix} 0 - \mathrm{pi}/2\ \mathrm{pi}\ 0\ 0\ 0 \end{bmatrix} \quad \boldsymbol{q}_r = \begin{bmatrix} 0 - \mathrm{pi}/2\ \mathrm{pi}/2\ 0\ 0\ 0 \end{bmatrix} \quad \boldsymbol{q}_n = \begin{bmatrix} 0 - \mathrm{pi}/2 - 3*\mathrm{pi}/4\ \mathrm{pi}/4\ \mathrm{pi}/4\ 0 \end{bmatrix}$$

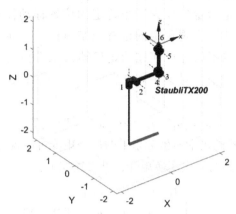

图 6.11　Staubli TX200 机器人的三维模型

分别对该机器人初始位形 q_z、展开位形 q_r 和一般位形 q_n 对应的正运动学进行计算：

```
>> rbt.fkine([0 -pi/2 pi 0 0 0]);
>> rbt.fkine([0 -pi/2 pi/2 0 0 0]);
>> rbt.fkine([0 -pi/2 -3*pi/4 pi/4 pi/4 0]);
```

可得末端执行器位姿的齐次变换矩阵分别为：

$$\begin{bmatrix} 0 & 0 & 1 & 1\,244 \\ 0 & 1 & 0 & 0 \\ -1 & 0 & 0 & 950 \\ 0 & 0 & 0 & 1 \end{bmatrix} \begin{bmatrix} 1 & 0 & 0 & 250 \\ 0 & 1 & 0 & 0 \\ 0 & 0 & 1 & 1\,944 \\ 0 & 0 & 0 & 1 \end{bmatrix} \begin{bmatrix} -0.853\,6 & 0.500\,0 & 0.146\,4 & 844.1 \\ 0.500\,0 & 0.707\,1 & 0.500\,0 & 97 \\ 0.146\,4 & 0.500\,0 & -0.853\,6 & 218.7 \\ 0 & 0 & 0 & 1 \end{bmatrix}$$

分别对应末端执行器位姿如图 6.12（a）~图 6.12（c）所示。

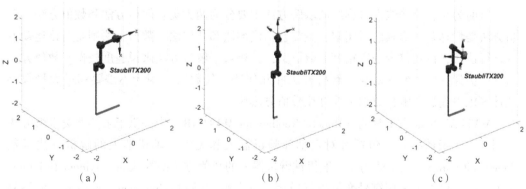

（a）　　　　　　　　　　　（b）　　　　　　　　　　　（c）

图 6.12　不同关节坐标下对应的末端执行器的位姿

（a）零角度初始状态位姿；（b）伸展状态的位姿；（c）一般状态的位姿

6.4.2 逆运动学分析

6.4.1 小节主要展示了如何利用机器人工具箱进行机器人的正运动学计算，即在给定机器人的各关节转角时计算机器人末端的执行器的位姿。而在机器人运动学仿真等实际应用中，往往是给定机器人一个特定的位置移动任务，让机器人按照预定的轨迹路线进行移动，从而实现预定的位置控制目标，这涉及机器人的逆运动学问题。机器人的逆运动学主要研究如何在给定机器人末端执行器的笛卡尔坐标位姿矩阵 T 时求解关节向量 q 的值。对于 n 个关节的机械臂机器人，T 和 q 的关系可以用数学表达式表述如下：

$$q = \begin{bmatrix} q_1 & q_2 & \cdots & q_n \end{bmatrix} = \Gamma^{-1}(T) \tag{6-10}$$

机器人的末端执行器的笛卡尔坐标系下的位姿矩阵可以视为由基座坐标系经过旋转变换 R 和平移变换 P 得到的齐次变换矩阵，可表述如下：

$$T = \begin{bmatrix} n_x & o_x & a_x & p_x \\ n_y & o_x & a_x & p_x \\ n_z & o_x & a_x & p_x \\ 0 & 0 & 0 & 1 \end{bmatrix} = \begin{bmatrix} R & P \\ O & 1 \end{bmatrix} \tag{6-11}$$

末端执行器在笛卡尔坐标系下的位姿矩阵也可由从基座坐标系到末端执行器之间各关节坐标系的齐次变换推导得出，如下式：

$$^0A_n = {}^0A_1\,{}^1A_2\,{}^2A_3 \cdots {}^{n-1}A_n \tag{6-12}$$

故对于 n 个关节的机械臂机器人，逆运动学的关键在于如何求解以下方程组：

$$T = \begin{bmatrix} {}^0A_n & {}^0P_n \\ O & 1 \end{bmatrix} = {}^0A_1\,{}^1A_2\,{}^2A_3 \cdots {}^{n-1}A_n \tag{6-13}$$

通常来说，这个方程组求解比较复杂并且解并不唯一，有些类型的机械臂甚至没有解析形式的解而只能求出数值解。此外，解的存在与否取决于操作臂的工作空间，对于关节数 $n < 6$ 即机械臂的自由度少于 6 的机械臂机器人，由于其工作空间限制，从而在三维空间内不能到达全部位姿，导致部分位姿处无解。

目前为止，此非线性方程组的求解方法主要分为两大类：解析方法和数值方法。解析方法是计算解析形式的封闭解，主要包括代数法和几何法。数值方法则是对该运动方程进行迭代，得到符合一定精度的数值解，其相对于解析方法来说速度较慢。数值方法对计算机计算能力要求较高，解析方法（几何法、代数法）因为不需要列举大量数字让计算机去逼近求解，故求解速度比数值方法快。

MATLAB 机器人工具箱（Robotic Toolbox for MATLAB）中提供了上述两类求解方法分别对应的函数接口，包括针对六轴球腕机器人和无腕三轴机器人的解析方法函数 ikine6s 和 ikine3，以及适用于一般机械臂机器人的数值方法函数 ikine，ikinem 和 ikunc。此外，还提供了可采用符号变量进行逆运动学求解的函数 ikine_sym。本小节主要举例说明解析方法函数 ikine6s 和数值方法函数 ikine 在机器人逆运动学计算中的应用。

1. 利用工具箱进行解析方法求解

对于任意一个多关节机械臂机器人，要想使用解析方法求解，必须满足 Pieper 准则的要求，即机器人的三个相邻关节轴交于一点或三轴线平行。机器人末端三个关节相交于一点的机构称为球腕，因此六轴球腕机器人符合 Pieper 准则的要求。机器人工具箱提供了适用于六轴球腕机器人的封闭解求解函数 ikine6s，假设六轴球腕机器人的 SerialLink 对象为 R，该函数的调用形式如下：

```
q = R.ikine6s(T)
```

其中，输入参数 T 为 4×4 的末端执行器位姿的齐次变换矩阵；返回值 q 为由各关节转角组成的一维行向量。

下面以 Staubli TX200 机器人为例进行封闭解的求解。选取该机器人的初始位姿为关节坐标 $q = q_z = [0 \ -pi/2 \ pi \ 0 \ 0 \ 0]$，此时对应的机器人位形图如图 6.12（a）所示，末端执行器的位姿矩阵在 6.4.1 小节已计算得到，假设已知此末端执行器的位姿矩阵（记为 T），对该机器人进行逆运动学封闭解求解，使用 SerialLink 对象的 ikine6s 函数可得如下结果，对应位形如图 6.13（a）所示。

```
>> qi = rbt.ikine6s(T)
qi =
         0    -0.7628    1.5708    3.1416    -0.7628    -3.1416
```

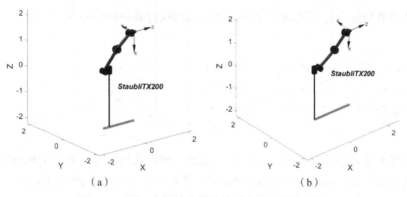

图 6.13　同一末端执行器位姿对应的不同位形解

（a）左肩位形解；（b）右肩位形解

对比发现，此时求得的关节坐标并不等于给定的初始位姿关节坐标，这也证明了逆运动学的解并不唯一，这两组不同关节坐标的机器人位形对应着相同的末端执行器位姿矩阵。使用 ikine6s 函数进行六轴球腕机器人的逆运动学封闭解求解时，除了输入末端执行器齐次变换下的位姿矩阵外，还可以添加 config 参数来按照位形参数输入进行封闭解计算结果的选取。config 参数包含各种不同的运动学位形参数，分别如下：

➢ 左肩形态或右肩形态：'l'，'r'。

> 肘部在上或在下：'u'，'d'。

> 手腕翻转或不翻转：'f'，'n'。

如果不添加 config 参数，则默认为 'l'，'u'，'n'，即右手臂、肘部在上且手腕无翻转。

求得右肩形态的封闭解如下，机器人位形如图 6.13（b）所示。

```
>> rbt.ikine6s(T,'r')
ans =
  -3.1416   -2.5752    1.5708   -0.0000   -0.5664   -3.1416
```

将这些位形参数组合起来，有 $2^3 = 8$ 种位形，即理论上存在 8 种位形解，然而实际上考虑机械限制与连杆碰撞，以及奇异位形的存在，很难保证每个末端执行器位姿都可以通过逆解求解得到 8 种位形解，甚至在某些给定的末端执行器位姿下无法求出符合条件的有效逆解。例如上例中给定一个末端执行器位姿矩阵分别为：

$$\begin{bmatrix} 1 & 0 & 0 & 0 \\ 0 & 1 & 0 & 1\,000 \\ 0 & 0 & 1 & 0 \\ 0 & 0 & 0 & 1 \end{bmatrix} \text{和} \begin{bmatrix} 1 & 0 & 0 & 0 \\ 0 & 1 & 0 & 500 \\ 0 & 0 & 1 & 0 \\ 0 & 0 & 0 & 1 \end{bmatrix}$$

使用 ikine6s 函数求解得到同样的关节坐标：

```
ans =
   1.5708    0    4.7124   -3.1416   -1.5708    1.5708
```

以此关节坐标进行正运动学计算，得到末端执行器的位姿矩阵：

```
ans =
   1.0000   -0.0000    0.0000   -4.409e-05
   0.0000    1.0000    0.0000         400
  -0.0000   -0.0000    1.0000         194
        0         0         0           1
```

显然并未达到想要得到的末端位姿。然而，根据几何关系可判断出机械臂末端执行器可以到达此位姿，故该位形为 ikine6s 函数求解的奇异位形，此时 ikine6s 求得的解是不符合实际的无效解。

2. 利用工具箱进行数值方法求解

数值方法利用迭代的思想对非线性方程式（6－13）进行求解，利用计算机的高效运算速率也能达到较高的求解速度。机器人工具箱提供了用于机器人逆运动学的数值方法的求解函数 ikine 函数，假设构建机器人的 SerialLink 对象为 R，则 ikine 函数的调用形式如下：

> q = R. ikine(T)

> q = R. ikine(T, q0, m, options)

其中，输入参数 T 为 4×4 的末端执行器位姿的齐次变换矩阵；返回值 q 为各关节转角组成的一维行向量。另外，还可接受附加参数如初始关节转角向量 q_0 的输入；当机器人关节自由度小于 6 时，需要添加掩膜向量 $m = [\, t_x\ t_y\ t_z\ r_x\ r_y\ r_z\,]$，掩膜向量中 t_x，t_y，t_z 分别对应 x，y，z 方向的平移变换，r_x，r_y，r_z 分别对应 x，y，z 轴的旋转变换。根据末端位姿矩阵中某些自由度的有无，在掩膜向量中赋值 0 或 1 进行计算。

对于 Staubli TX200 机器人，已知关节坐标为 $q_0 = [\, 0\ \mathrm{pi}/2\ -\mathrm{pi}/4\ 0\ 0\ 0\,]$ 时末端执行器的位姿矩阵为：

$$T = \begin{bmatrix} 0.707\,1 & 0 & 0.707\,1 & 952.9 \\ 0 & 1 & 0 & 0 \\ -0.707\,1 & 0 & 0.707\,1 & -247.1 \\ 0 & 0 & 0 & 1 \end{bmatrix}$$

利用机器人工具箱中的 ikine 函数进行逆运动学数值解的求解：

```
>>kse = [sqrt(2)/2 0 sqrt(2)/2 952.9;0 1 0 0; -sqrt(2)/2 0 sqrt(2)/2 -247.1;0 0 0 1];
>>rbt.ikine(kse)
ans =
    3.1008   -2.5193   -0.6091   -1.5137   2.0858   2.6890
```

对比发现数值解的结果具有较高的精度，但 ikine 函数并未包含求得多个逆解时可选择不同位形对应的逆解参数，因而在同一个末端执行器位姿矩阵对应多种可能位形时，难以选择想要的位形。

前例提到过的 ikine6s 函数对奇异位形处的求解失效，采用 ikine 函数尝试进行数值解的求解：

```
>> rbt.ikine(transl(0,0,1000))
ans =
    -0.000   -0.9541   -0.5779   0.0000   1.5321   0.0000
```

以此关节坐标向量进行正运动学计算，得到末端执行器的位姿矩阵为：

```
ans =
    1        0        0     -0.001837
    0        1        0      500
    0        0        1     -0.003818
    0        0        0        1
```

可见，ikine 函数可以进行某些对于 ikine6s 函数来说为奇异位形处的求解。

除此之外，ikine 函数还可以计算自由度少于 6 的关节型机械臂（也称欠驱动机械臂）的运动学逆解。例如，选取 Staubli TX200 前三个关节组成三自由度的关节型机器人，如图 6.14 所示，其 D–H 参数见表 6.5。

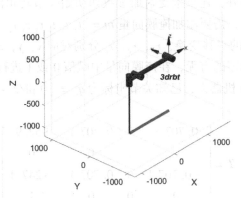

图 6.14   三关节机器人的三维模型

表 6.5   三自由度机械臂机器人的标准 D – H 参数表

连杆 i	θ_i	d_i/mm	a_{i-1}/mm	α_{i-1}/ (°)	θ_i 范围/ (°)
1	θ_1	0	250	– 90	– 180 ~ 180
2	θ_2	0	950	0	– 120 ~ 120
3	θ_3	0	0	90	– 145 ~ 145

由于该机器人只有三个自由度，故在使用 ikine 函数求解时，需要添加额外的掩膜向量参数，末端执行器相对基座坐标系只有 y 轴的旋转和 x，z 方向的平移，故添加掩膜向量 $\boldsymbol{m} = [1\ 0\ 1\ 0\ 1\ 0]$。

假定期望的末端执行器位姿为：

$$\boldsymbol{T} = \begin{bmatrix} 0 & 0 & 1 & 921.8 \\ 0 & 1 & 0 & 0 \\ -1 & 0 & 0 & -671.8 \\ 0 & 0 & 0 & 1 \end{bmatrix}$$

```
>> Rt.ikine(T,[0 0 0],[1 0 1 0 1 0])
ans =
   -0.0000    0.7854    0.7854
```

求得其中一个位形的关节坐标解，并对该关节坐标进行正运动学计算：

```
>> Rt.fkine([ -0.0000    0.7854    0.7854])
ans =
   -0.0000         0    1.0000    921.8
        0    1         0         0
```

| -1.0000 | 0 | -0.0000 | -671.8 |
| 0 | 0 | 0 | 1 |

可见该解是符合要求的一种机器人位形解。但对于自由度为 4 或 5 的多关节机器人，难以用这种方法求解，因为末端执行器具有的自由度由世界坐标系中的末端执行器位姿矩阵 T 指定，并且其具有的自由度是工具位置的函数。

6.4.3　雅可比矩阵

由 6.4.2 小节机器人逆运动学介绍可知，机器人的末端执行器位姿与机器人的各关节转角间存在十分复杂的转换关系，对于某些自由度多的机器人，甚至难以求得其逆运动学的解析解。雅可比矩阵是机械臂位姿的函数，可实现关节速度和末端执行器速度之间的映射、机器人末端执行器所受静力和各关节力矩之间的映射。此外，雅克比矩阵的数值属性可以帮助人们理解机械臂的灵巧性，并且更深刻地了解奇异位形。（关于刚体线速度与角速度的描述及连杆间速度的传递关系等详细内容，可参考机器人学相关的专业书籍，本小节不做相关介绍。）

机器人的雅可比矩阵是指从机器人关节空间的速度向机器人末端笛卡尔空间速度的映射，在 6.4.1 小节中，使用式（6-7）描述机器人的末端执行器位姿 T 和关节坐标向量 q 的关系，采用六个独立的空间坐标描述机器人末端位姿并对式（6-7）求导可得：

$$\nu = J(q)\dot{q} \tag{6-14}$$

这是一个瞬时的正运动学，其中 $\nu = (v_x, v_y, v_z, \omega_x, \omega_y, \omega_z)$ 是一个空间速度，表示机器人末端执行器笛卡尔空间的速度矢量，它包含机器人末端执行器笛卡尔空间的线速度矢量和角速度矢量。矩阵 $J(q)(6 \times N)$ 是机械臂的雅可比矩阵。

机器人工具箱中提供了两个用于求解雅可比矩阵的函数：jacob0 和 jacobn，jacob0 函数计算得到的雅可比矩阵将关节空间速度映射到世界坐标系中的末端执行器空间速度，而 jacobn 函数计算得到的雅可比矩阵将关节空间速度映射到末端执行器自身坐标系中的空间速度。设 R 为 SerialLink 对象，其调用格式分别如下：

➢ j0 = R.jacob0(q, options)：其中，q 为各关节坐标组成的 $1 \times N$ 关节向量；options 为可选择添加的额外参数，如设置为 'rot'，则返回值为雅可比矩阵的旋转子矩阵，详细设置可自行参考官方文档。

➢ jn = R.jacobn(q, options)：其中，q 为各关节坐标组成的 $1 \times N$ 关节向量；options 为可选择添加的额外参数，如设置为 'trans'，则返回值为雅可比矩阵的平移子矩阵，详细设置可自行参考官方文档。

对于前述 Staubli TX200 机器人，世界坐标系下的雅可比矩阵可以直接由 SerialLink 对象的 jacob0 方法计算。设机器人关节向量 $q = q_n = [0 -pi/2 -3*pi/4\ pi/4\ pi/4\ 0]$，此时可得：

```
>> J = rbt.jacob0(qn)
J =
  -0.0970      0.2187     -0.7313      0.0686     -0.1656           0
   0.8441           0           0      0.0970      0.0970           0
        0     -0.5941     -0.5941      0.0686      0.0284           0
  -0.0000      0.0000      0.0000      0.7071      0.5000      0.1464
  -0.0000      1.0000      1.0000      0.0000      0.7071      0.5000
   1.0000      0.0000      0.0000     -0.7071      0.5000     -0.8536
```

　　求得的雅可比矩阵的行对应笛卡尔自由度，列对应于各个关节——分别对应于各相应关节单位速度产生的末端执行器笛卡尔空间速度。此方式求得的雅可比矩阵可将关节空间速度映射到世界坐标系中的末端执行器笛卡尔空间速度。

　　有时为了获得关节空间速度产生的末端执行器自身坐标系中的空间速度，使用 jacobn 函数来求解雅可比矩阵：

```
>> J = rbt.jacobn(qn)
J =
   0.5048     -0.2737      0.5372     -0.0000      0.1940           0
   0.5484     -0.1877     -0.6627      0.1372           0           0
   0.4078      0.5391      0.4000     -0.0000           0           0
   0.1464      0.5000      0.5000     -0.7071           0           0
   0.5000      0.7071      0.7071      0.0000      1.0000           0
  -0.8536      0.5000      0.5000      0.7071      0.0000      1.0000
```

　　实际上，jacob0 函数计算所得雅可比矩阵是在 jacobn 函数计算所得雅可比矩阵的基础上附加了一个从末端执行器坐标系到世界坐标系的速度变换。除此之外，雅可比矩阵还可以实现机器人关节空间力矩与机器人末端笛卡尔空间的力和力矩的映射，详细内容读者可自行参考机器人学相关的专业书籍，此处不予详细介绍。

6.4.4　轨迹规划

　　欲使机械臂末端执行器由初始位姿变化到目标位姿，由于机械臂末端执行器位姿对应的关节向量可由逆运动学求得，可求出末端执行器初始位姿和目标位姿分别对应各个关节的转角，因而只需要求得各个关节角随时间的变化函数即可进行机器人运动的轨迹规划。设机械臂末端执行器在 t_0 时刻为初始位姿，在 t_f 时刻为目标位姿，并设某个关节在 t_0 时刻转角为 θ_0，在 t_f 时刻转角为 θ_f，可采用多种光滑函数 $\theta(t)$ 对该关节的转角变化进行插值，如图 6.15 所示。

　　要获得一条平滑的曲线，显然要对 $\theta(t)$ 施加四个约束条件：

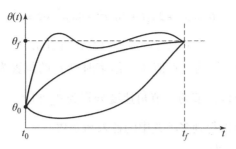

图 6.15 某一关节的几种可能路径

$$\theta(t) = \theta_0$$

$$\theta(t_f) = \theta_f$$

$$\dot{\theta}(0) = 0 \qquad\qquad (6-15)$$

$$\dot{\theta}(t_f) = 0$$

式中，前两个约束条件确定了初始值和最终值，后两个约束条件则保证了关节速度函数的连续。

次数至少为三的多项式才能满足这四个约束条件。一个三次多项式有四个参数，可以证明上述四个约束条件可唯一确定一个三次多项式，该三次多项式形式如下所示。

$$\theta(t) = a_0 + a_1 x + a_2 x^2 + a_3 x^3 \qquad\qquad (6-16)$$

约束条件为：

$$\theta_0 = a_0$$

$$\theta_f = a_0 + a_1 t_f + a_2 t_f^2 + a_3 t_f^3$$

$$0 = a_1 \qquad\qquad (6-17)$$

$$0 = a_1 + 2a_2 t_f + 3a_3 t_f^2$$

上述方程组的解为：

$$a_0 = \theta_0$$

$$a_1 = 0$$

$$a_2 = \frac{3}{t_f^2}(\theta_f - \theta_0) \qquad\qquad (6-18)$$

$$a_3 = -\frac{2}{t_f^3}(\theta_f - \theta_0)$$

可以看出该方法仅适用于关节起始角速度和终止角速度都为零的情况。

当要确定路径段起始点和目标点的位置、速度和加速度时，使用三次多项式往往无法满足要求，此时可以采用更高阶的五次多项式进行插值。记某个子过程机器人的某个关节的运动轨迹函数为：

$$\theta(t) = a_0 + a_1 t + a_2 t^2 + a_3 t^3 + a_4 t^4 + a_5 t^5 \qquad\qquad (6-19)$$

速度和加速度方程分别为：

$$\dot{\theta} = a_1 + 2a_2t + 3a_3t^2 + 4a_4t^3 + 5a_5t^4 \qquad (6-20)$$

$$\ddot{\theta} = 2a_2t + 6a_3t + 12a_4t^2 + 20a_5t^3 \qquad (6-21)$$

定义初始时刻 t_0 的位置为起点值 θ_0，结束时刻 t_f 的位置为终点值 θ_f，若已知初始时刻 t_0 和结束时刻 t_f 时该关节的关节角速度分别为 $\dot{\theta}_0$ 和 $\dot{\theta}_f$，关节角加速度分别为 $\ddot{\theta}_0$ 和 $\ddot{\theta}_f$，解上述方程组可以得到多项式中的各未知系数。

上述线性方程组的解为：

$$a_0 = \theta_0$$

$$a_1 = \dot{\theta}_0$$

$$a_2 = \frac{\ddot{\theta}_0}{2}$$

$$a_3 = \frac{20\theta_f - 20\theta_0 - (8\dot{\theta}_f + 12\dot{\theta}_0) - (3\ddot{\theta}_0 - \ddot{\theta}_f)t_f^2}{2t_f^3} \qquad (6-22)$$

$$a_4 = \frac{30\theta_0 - 30\theta_f + (14\dot{\theta}_f + 16\dot{\theta}_0) + (3\ddot{\theta}_0 - 2\ddot{\theta}_f)t_f^2}{2t_f^4}$$

$$a_5 = \frac{12\theta_f - 12\theta_0 - (6\dot{\theta}_f + 6\dot{\theta}_0) - (\ddot{\theta}_0 - \ddot{\theta}_f)t_f^2}{2t_f^5}$$

机器人工具箱中提供了 tploy，lspb，jtraj 和 ctraj 等函数，可用于轨迹规划。其中 tploy 为五次多项式曲线进行关节转角变化的拟合，得到的轨迹函数为一阶导数、二阶导数都是连续光滑的多项式曲线。但由于高次多项式轨迹曲线的计算量较大，故常采用直线段来构造简单的轨迹曲线。仅考虑在不同直线段的交接处会发生速度跳变（位移曲线不光滑）的情况，用抛物线在交接处进行拼接就可以得到光滑的轨迹，lspb 函数即是采用这种方法，用梯形速度曲线（trapezoidal velocity trajectory）进行各关节转角变化的拟合。这里重点介绍常用于轨迹规划的 jtraj 和 ctraj 函数。

jtraj 函数用于在关节空间下机器人两个不同位形间各关节角度变化插值拟合生成轨迹，ctraj 函数用于在笛卡尔空间下机器人两个不同位形间末端执行器位姿变化插值拟合生成轨迹，调用格式分别如下。

➢ [q,qd,qdd] = jtraj(q0,qf,m)：其中，q_0 为初始关节角度；q_f 为终止关节角度；m 表示过程包含的时间步数，每个时间步对应一个瞬时位形。该函数利用五次多项式进行插值规划轨迹，默认初始和终止时关节速度和加速度的值均为零。

➢ tc = ctraj(T0,T1,n)：其中，T_0 为初始末端执行器位姿矩阵；T_1 为终止时末端执行器位姿矩阵；n 为路径中插值点的个数。该函数利用匀加速、匀减速运动规划轨迹，同样默认初始和终止时关节速度和加速度的值均为零。

【例 6.6】　对例 6.4 中生成的机械臂通过五次多项式插值进行轨迹规划，使其由

关节角为 [0 0 0 0 0 0] 的位姿运动至关节角为 [pi/4 −pi/3 pi/5 pi/2 −pi/4 pi/6] 的位姿。

程序如下：

```
init_ang = [0 0 0 0 0 0];
targ_ang = [pi/4, -pi/3, pi/5, pi/2, -pi/4, pi/6];
step = 40;
[q,qd,qdd] = jtraj(init_ang,targ_ang,step);
robot.plot(q);
figure
subplot(3,1,1);
i = 1:6;
plot(q(:,i));title('位置');grid on;
subplot(3,1,2);
i = 1:6;
plot(qd(:,i));title('速度');grid on;
subplot(3,1,3);
i = 1:6;
plot(qdd(:,i));title('加速度');grid on;
```

程序运行结果如图 6.16 所示。

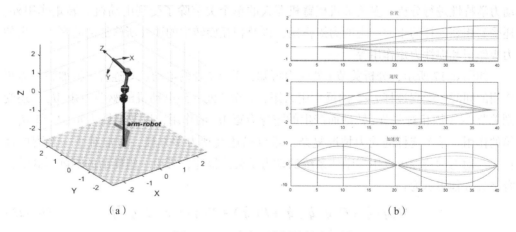

（a）　　　　　　　　　　　　　　（b）

图 6.16　五次多项式插值轨迹规划

（a）三维模型；（b）路径点位形处的关节位置、速度和加速度

6.5　机器人动力学计算

6.4 节分析了如何得到机器人末端执行器的位姿和机器人各关节的位置关系，但这

些分析都是在稳态下进行的，而并未考虑到机器人运动的动态过程。实际上，机器人的运动过程不仅与各关节的相对位置关系有关，还与机器人整体结构的质量分布、结构形式、传动装置等因素有关，机器人动力学正是考虑这些动态因素来研究机器人的运动对力和力矩的响应的。通过运动学的计算可以确定机器人动态运动约束的拓扑结构，动力学的体系结构也正是运动学与动力学参数的线性组合，因而运动学的计算为计算机器人动力学提供了基础。

机器人的动力学研究主要分为两类：一类是动力学正问题，即已知机器人各关节的驱动力矩时，如何计算出机器人各关节的位置、速度、加速度；另一类是动力学逆问题，即已知机器人各关节某一瞬时位形各关节的位置、速度、加速度时，如何计算出当前时刻机器人各关节的驱动力矩大小。在机器人正、逆动力学计算中，最为重要的就是对机器人动力学方程的求解。机器人动力学方程正是描述机器人运动和力矩动态关系的微分方程，其中包含关节的空间结构变量和摩擦力、重力等多种因素且为非线性方程组，因此求解较为困难。

在本节中，将首先通过机器人的动力学方程来描述机器人关节状态与所需关节力矩之间的关系，然后利用 MATLAB 的机器人工具箱分别进行机器人正动力学和逆动力学分析。由于 MATLAB 具有微分方程的求解优势，可以较为容易地得到满足精度的动力学方程解，这也为机器人的动力学仿真和控制提供了便利。

6.5.1　动力学方程

对于多关节机械臂机器人系统，要进行整个系统的动力学描述，需要对单个关节的动力学特性进行分析。多关节机械臂机器人的单个关节除了受到电动机的转矩作用外，还受到相邻连杆的重力产生的力矩作用，以及相互旋转中的连杆所施加的陀螺力产生的力矩作用和惯性力矩作用等。

如图 6.17 所示，分析关节 i 处受力可知，关节 i 处的电动机对连杆 i 施加转动力矩作用的同时，受到连杆 $i-1$ 的反作用力矩，关节 i 处受到电动机的驱动力矩 M_m，还受到关节 $i-1$ 因相对关节 i 转动而产生的陀螺力矩 M_0 的作用，以及惯性力矩 M_{n_i} 和 $M_{n_{i-1}}$ 等的作用。单个连杆的受力情况复杂，难以描述其动力学方程，通常对于一系列的连杆，其动力学特性可以用多刚体系统的动力学公式描述，可由一组简洁的矩阵形式的耦合微分方程表示为：

$$M(q)\ddot{q} + C(q,\dot{q})\dot{q} + F(\dot{q}) + N(q) = \tau + J(q)^{\mathrm{T}}f \qquad (6-23)$$

其中，q，$\dot{q}$，$\ddot{q}$ 分别为广义的关节位置、关节速度和关节加速度；M 为关节的空间惯量矩阵；C 为科氏力和向心力耦合矩阵；F 为摩擦力；N 为重力；τ 为与广义坐标 q 对应的广义驱动力向量。最后一项描述施加在末端执行器处的外力 f 在各关节处产生的关节力，其中，J 为雅可比矩阵。矩阵 M，C，F，N 是连杆的运动学 D–H 参数（θ_i，d_i，a_{i-1}，α_{i-1}）和惯性参数的函数，每个连杆 i 在以其质心为原点且与关节坐标系 $\{i\}$ 平行的坐标系中具有以下物理参数：连杆质量 m、相对于连杆坐标系的质心 r 和转

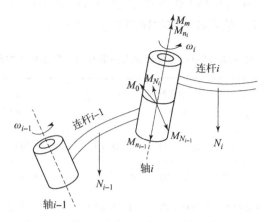

图.17　多关节机器人相邻连杆间关节的受力情况

动惯量 I。其中转动惯量 I 为包含六个独立元素的二阶矩阵：

$$I = \begin{bmatrix} I_{xx} & I_{xy} & I_{xz} \\ I_{xy} & I_{yy} & I_{yz} \\ I_{xz} & I_{yz} & I_{zz} \end{bmatrix} \tag{6-24}$$

式中，主对角线元素为惯性矩，非主对角线元素为惯性积。9 个元素中只有 6 个是独立的，可表示如下：

$$I = \begin{bmatrix} I_{xx} & I_{yy} & I_{zz} & I_{xy} & I_{xz} & I_{yz} \end{bmatrix} \tag{6-25}$$

在机器人工具箱环境下，连杆的运动学参数和惯性参数可以使用 Link 对象或者 SerialLink 对象中的 dyn 函数进行查看，也可以直接打开 Link 实例变量进行属性查看和修改。前例 Staubli TX200 机器人部分关节的动力学参数如下：

```
>> rbt.dyn
Link 1::Revolute(std): theta = q, d = 0, a = 250, alpha = -1.5708,
offset = 0
    m    = 0
    r    = 0    00
    I    = |0   0   0|
           |0   0   0|
           |0   0   0|
    Jm   = 0
    Bm   = 0
    Tc   = 0    ( +)0    ( -)
    A    = 0
```

其中，B，T_c 和 G 分别为电动机的黏性摩擦系数、库仑摩擦力和关节传动比。m，r，I，J_m 则分别为连杆质量、质心位置、连杆惯量矩阵和电动机转动惯量。

为了便于计算，将 Staubli TX200 机器人的标准 D - H 参数单位统一为 m，并重新构建 SerialLink 机器人对象。给定各关节的物理参数见表 6.6。

表 6.6　Staubli TX200 连杆机器人关节和关节电动机的物理参数

关节	连杆质量 m	质心位置向量 r	电动机转动惯量 J_m	黏性摩擦系数 B	库仑摩擦力 T_c	关节传动比 G
1	4.0	$[0.125, 0, 0]$	200×10^{-6}	1.48×10^{-3}	$[0.395, -0.435]$	$-62.611\,1$
2	15.2	$[-0.475, 0, 0]$	200×10^{-6}	0.817×10^{-3}	$[0.126, 0.071]$	107.815
3	0.6	$[0, 0, 0.000\,5]$	200×10^{-6}	1.38×10^{-3}	$[0.132, 0.105]$	$-53.706\,3$
4	12.8	$[0\,0.4\,0]$	33×10^{-6}	71.2×10^{-6}	$[11.2 \times 10^{-3}, 16.9 \times 10^{-3}]$	$76.036\,4$
5	0.6	$[0, 0, 0.000\,5]$	33×10^{-6}	82.6×10^{-6}	$[9.26 \times 10^{-3}, 14.5 \times 10^{-3}]$	71.923
6	4.0	$[0, 0, 0.097]$	33×10^{-6}	36.7×10^{-6}	$[3.96 \times 10^{-3}, 10.5 \times 10^{-3}]$	76.686

连杆惯量矩阵分别为：

$L_1 : I_1 = [0.3200\ 0.2433\ 0.2433\ 0\ 0\ 0]$　$L_2 : I_2 = [1.2160\ 1.8113\ 1.8113\ 0\ 0\ 0]$

$L_3 : I_3 = [0.0241\ 0.0241\ 0.0480\ 0\ 0\ 0]$　$L_4 : I_4 = [1.3653\ 1.0240\ 1.3653\ 0\ 0\ 0]$

$L_5 : I_5 = [0.0241\ 0.0241\ 0.0480\ 0\ 0\ 0]$　$L_6 : I_6 = [0.2247\ 0.2247\ 0.3200\ 0\ 0\ 0]$

下面介绍在 MATLAB 中如何使用工具箱计算得到机械臂机器人不同姿态时的 M（空间惯量矩阵）、C（科氏力和向心力耦合矩阵）、F（摩擦力矩阵）和 N（重力矩阵）。

（1）空间惯量矩阵 $M(q)$

机器人关节的空间惯量矩阵是机械臂各关节的位姿的函数，在不同的机器人位形时具有不同的值。在机器人工具箱中，可以使用 SerialLink 类的 inertia 方法来计算不同位形的关节空间惯量矩阵。该函数调用形式如下：

```
i = R.inertia(q)
```

其中，q 为各关节转角组成的 $1 \times N$ 行向量，返回 $N \times N$ 空间惯量矩阵。关节转角输入也可以写成 $K \times N$ 矩阵的形式，此时返回值为 $N \times N \times K$ 的三维矩阵，表示 K 个位形时分别对应的空间惯量矩阵。

对于 Staubli TX200 机器人，可计算其在一般位形关节坐标 $q_n = [0\ -\mathrm{pi}/2\ -3*\mathrm{pi}/4$ $\mathrm{pi}/4\ \mathrm{pi}/4\ 0]$ 时的关节空间惯量矩阵 $M(q)$ 如下：

```
>> rbt.inertia(qn)
Fast RNE:(c) Peter Corke 2002 -2012
ans =
    12.4247   -0.1300    0.4230   -0.5322    0.7686   -0.2731
    -0.1300   18.3305    1.3756   -0.1523   -0.0629    0.1600
     0.4230    1.3756    8.8082   -0.5433    0.8812    0.1600
    -0.5322   -0.1523   -0.5433    1.6926    0.0000    0.2263
     0.7686   -0.0629    0.8812    0.0000    0.7582    0.0000
    -0.2731    0.1600    0.1600    0.2263    0.0000    0.5141
```

（2）科氏力和向心力耦合矩阵 $C(q, \dot{q})$

科氏矩阵 C 是关节坐标和关节速度的函数，是科氏力和向心力的耦合矩阵，表现为正定矩阵。在机器人工具箱中，可使用 SerialLink 类的 coriolis 方法来计算给定关节坐标和关节速度的科氏矩阵。coriolis 函数的调用形式如下：

```
C = R.coriolis(q, qd)
```

其中，q，q_d 为由各关节的关节转角和角速度组成的 $1 \times N$ 行向量，返回 $N \times N$ 科氏矩阵。关节转角和角速度输入也可以写成 $K \times N$ 矩阵的形式，此时返回值为 $N \times N \times K$ 的三维矩阵，表示 K 个位形时分别对应的科氏矩阵。

在前例中，如果给定在一般位形 $q_n = [0 - pi/2 - 3 * pi/4\ pi/4\ pi/4\ 0]$ 处各关节的关节角速度为 $q_d = [1\ 1\ 1\ 1\ 1\ 1]$（单位为 rad/s），则相应的科氏矩阵为：

```
>> rbt.coriolis(qn,[1 1 1 1 1 1])
ans =
     1.4826    7.0370   -5.1166   -0.5889   -0.9066    0.0331
    -6.6612   -6.2889  -12.3625    0.6798   -1.9712    0.1834
     6.5985    5.3052   -0.7684   -0.3314   -1.9712    0.1834
    -1.9603   -0.5157   -0.6777    0.1098    0.1876   -0.3297
     0.5073    1.0154    0.6243   -0.1876    0.0000   -0.0703
     0.0331    0.1366    0.1366    0.1034    0.0703         0
```

（3）重力矩阵 $N(q)$

重力矩阵与机器人的位形 q 有关，是对各关节所受重力的描述，且其值不受机器人的运动的影响。在实际应用中，往往通过一定的方法如外加弹簧等来抵消部分重力的影响。

在前例 Staubli TX200 中，对于一般位形 $q_n = [0 - pi/2 - 3 * pi/4\ pi/4\ pi/4\ 0]$ 处，可使用工具箱中 SerialLink 对象的 gravload 函数求解，该函数调用形式如下：

```
taug = R.gravload(q,grav)
```

其中，q 为由各关节的关节转角组成的 $1 \times N$ 行向量，返回 $1 \times N$ 重力矩阵。关节转角输入也可以写成 $K \times N$ 矩阵的形式，此时返回值为 $1 \times N \times K$ 的三维矩阵，表示 K 个位形时分别对应的重力矩阵。grav 为附加的参数，表示自定义重力加速度向量。

计算 q_n 位形处重力矩阵 N：

```
>> rbt.gravload(qn)
ans =
    0.0000   -62.7179   -62.7179    4.0382    1.6727    0
```

由于输入为标准单位制，故函数输出各关节所受重力大小的单位为 N。

（4）摩擦力矩阵 $F(\dot{q})$

摩擦力矩阵 $F(\dot{q})$ 是由各关节的给定摩擦力参数值决定的，大小与各关节的转速 $\dot{q}$ 有关。机器人各关节处会受到摩擦力的作用，通常在关节还未转动前主要受到静摩擦力的作用。一旦关节转动起来，则主要受到黏性摩擦力的作用，且黏性摩擦力的大小与黏性摩擦系数成线性关系，可以用图 6.18 进行描述。

图 6.18 中，斜率 k 表示黏性摩擦系数，Q_s 表示静摩擦力，Q_c 表示库仑摩擦力，电动机摩擦力的正负取值取决于电动机的转动方向。通常来说，黏性摩擦系数的值是一定的，与电动机的转动方向无关，并可通过电动机厂商的数据手册得到。但库仑摩擦力的大小却与方向有关，对于某个连杆对象而言可正可负。利用机

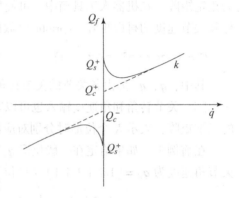

图 6.18 摩擦力相对于速度的特性

器人工具箱中的 SerialLink 类的 friction 方法可以快速求解出在给定各关节转速 q_d 时各关节受到的摩擦力的大小。其调用形式如下：

```
tau = R.friction(qd)
```

其中，q_d 为由各关节的角速度组成的 $1 \times N$ 行向量，返回 $1 \times N$ 摩擦力矩阵。关节角速度输入也可以写成 $K \times N$ 的形式，此时返回值为 $N \times N \times K$ 的三维矩阵，表示 K 个位形时分别对应的摩擦力矩阵。

对于 Staubli TX200 机器人的 L_1 关节，根据实际值给定如下关节参数。黏性摩擦系数 B 和库仑摩擦力 T_c 的值如下：

```
>>L1.B =1.48e -3;      L1.Tc =[0.395 -0.435];
>>L2.B =0.817e -3;     L2.Tc =[0.126 -0.071];
>>L3.B =1.38e -3;      L3.Tc =[0.132 -0.105];
```

```
>>L4.B =71.2e -6;L4.Tc =[11.2e -3 -16.9e -3];
>>L5.B =82.6e -6;L5.Tc =[9.26e -3 -14.5e -3];
>>L6.B =36.7e -6;L6.Tc =[3.96e -3 -10.5e -3];
```

并给定各关节的传动比 G = [− 62.611 1, 107.815, − 53.706 3, 76.036 4, 71.923, 76.686]:

```
>> L6.dyn
Revolute(std): theta =q, d =0.194, a =0, alpha =0, offset =0
  m   = 6.208
  r   =     0      00.097
  Jm = 3.3e -05
  Bm = 3.67e -05
  Tc =0.00396    ( +) -0.0105    ( -)
  G  = 76.69
```

对于一般位形 q_n = [0 − pi/2 − 3 * pi/4 pi/4 pi/4 0] 处，利用工具箱计算各关节摩擦力:

```
>> rbt.friction(qn)
ans =
     0   22.5725   15.0178   -1.1749   -1.0016   0
```

单位为 N。另外，可以使用工具箱里 SerialLink 类的 jacob 函数和 jacobn 函数分别求解世界坐标系下和末端操作器空间下的雅可比矩阵 $J(q)^{\mathrm{T}}$。这样利用 MATLAB 的工具箱就可以在已知机器人位形和各关节角速度时确定方程（6-23）的系数矩阵。但是对于包含多个瞬时位形的某个运动过程来说，方程（6-23）的求解仍然很困难。

对于方程（6-23）的求解，目前主要有牛顿-欧拉法、拉格朗日法、空间矢量法和凯恩法等。其中牛顿-欧拉法是利用牛顿定律和欧拉方程建立动力学模型的方法，其主要思路是对机器人每个连杆质心的移动和转动分别应用牛顿定律和欧拉方程。首先由基座开始，从1号杆到末端执行器所在 N 号杆递推，求出各杆的速度和加速度。再从 N 号杆向1号杆进行递推，计算各杆受到的作用力和力矩，以及各关节的驱动力矩。相比其他方法，其具有更明确的迭代方程形式和更高效的迭代效率，因而很适合计算机求解。在机器人工具箱中，通常使用 SerialLink 类中的基于牛顿-欧拉法的 fdyn，accel 和 rne 函数对方程（6-23）分别进行正动力学和逆动力学的求解。

6.5.2　正动力学分析

机器人的正动力学分析是在已知各关节驱动力矩和力时求解得到机器人的运动参数，包括关节广义位移、关节速度和关节加速度。在实际应用中，主要通过正动力学分析来对机器人的运动进行仿真。要根据施加的关节力和力矩确定机械臂的运动。由方程式（6-23）可以得到关节的加速度为：

$$\ddot{q} = M^{-1}(q)(Q - C(q,\dot{q})\dot{q} - F(\dot{q}) - N(q)) \qquad (6-26)$$

机器人工具箱中的 fdyn 和 accel 函数可用于机器人正动力学相关计算。其中，fdyn 函数用于计算各关节的角度和角速度；accel 函数主要用于计算关节的角加速度。

fdyn 函数可在输入关节所受到的力矩时，计算出仿真过程中每个采样时刻对应的各关节的角度、角速度（均为国际单位制）。其调用格式如下：

```
[T,q,qd] = R.fdyn(t,torqfun)
```

其中，t 为仿真的时长，输入参数 torqfun 为自定义施加的关节力矩函数，返回时间间隔向量 T、各关节的转角 q 和各关节的角速度 q_d。默认初始的转角 q_0 和角速度 q_{d0} 都为 0。除此之外，还可以为此函数添加额外的参数输入，包括自定义关节的初始转角和角速度 q_0，q_{d0}，以及自定义的关节力矩控制参数 ARG_1，ARG_2 等。例如，如果选择 PD 控制器去控制关节力矩，可以定义如下的关节力矩函数 mytorqfun.m。

```
function tau = mytorqfun(t,q,qd,qstar,P,D)
    tau = P * (qstar - q) + D * qd;
end
```

以前述的 Staubli TX200 机器人为例，定义仿真时长为 $t = 10 \times 10^{-4}$ s，给定 $P = 10$，$D = 10$，在命令交互行中输入：

```
>> [T,q,qd] = rbt.fdyn(0.0001,'mytorqfun',q0,qd0,'qstar',q0,'P',10,'D',10)
```

可以求得 $0 \sim t$ 时间间隔内各个位形瞬时机器人各个关节的转角 q 和角速度 q_d，分别如图 6.19 和图 6.20 所示。

根据式（6-26）可以推导出机器人的关节加速度，并可以使用机器人工具箱中的 accel 函数进行正动力学的计算。accel 函数用于在给定各关节转角和角速度下求解机器人各关节的角加速度 q_{dd}，调用形式如下：

```
qdd = R.accel(q, qd, torque)
```

其中，参数 q 和 q_d 分别为各关节的转角和角速度 $1 \times N$ 行向量；torque 为各关节所受外力矩 $1 \times N$ 行向量，该函数返回各关节的加速度计算值 $N \times 1$ 列向量，其中 N 为关节数。当 q，q_d 和 torque 为 $M \times N$ 矩阵时，求得的 q_{dd} 为 $M \times N$ 的矩阵且各行表示不同位姿和关节角速度对应的各关节的角加速度计算值。

对于 Staubli TX200 机器人，若给定一般位形 $q_n = [0 - pi/2 - 3 * pi/4 \ pi/4 \ pi/4 \ 0]$ 处机器人的各关节的角速度为 $q_d = q_1 = [1 \ 1 \ 1 \ 1 \ 1 \ 1]$，单位为 rad/s，给每个关节处施加转矩为 torque $= [10 \ 10 \ 0 \ 10 \ 0 \ 10]$，单位为 N，计算各关节的角加速度如下：

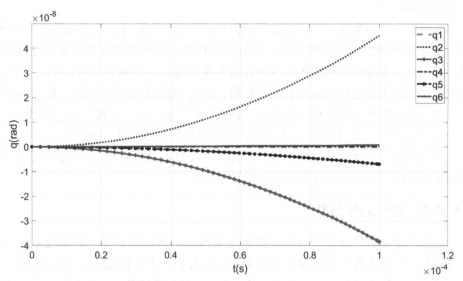

图 6.19　在 $0 \sim t$ 时间间隔内各位形瞬时机器人各关节的转角

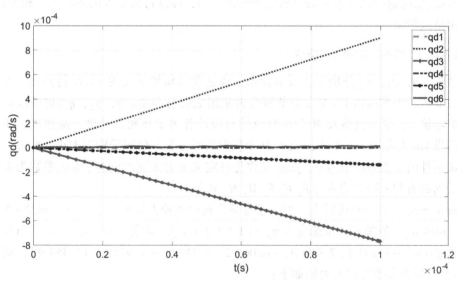

图 6.20　在 $0 \sim t$ 时间间隔内各位形瞬时机器人各关节的角速度

```
>> rbt.accel(q0,q1,[10,10,0,10,0,10])
ans =
   -2.1933
    7.9660
   -6.0612
    3.9400
   -1.9562
   17.3549
```

单位为 rad/s^2。

综上可知，使用机器人工具箱进行机器人正动力学计算时，首先可通过调用机器人工具箱中的 fdyn 函数，在已知机器人初始关节转角、关节角速度和各关节给定作用力矩下，求出在一定时间间隔后各关节的转角和角速度。然后调用 accel 函数，并将 fdyn 函数求解得到的所有时刻机器人各关节转角、速度和受到的作用力矩作为 accel 函数的输入，从而求解出每个位形对应的机器人各关节的角加速度，这样就在已知各关节驱动力矩和力时求解得到机器人的运动参数，完成了机器人正动力学的计算。在实际应用中，往往使用这一正动力学计算过程来进行机器人的动力学仿真，研究其在给定作用力和力矩下是否按照预想的轨迹和运动学参数进行运动。

6.5.3 逆动力学分析

机器人的逆动力学分析是在给定机器人某个位形各关节转角、角速度和角加速度时，计算得到机器人各关节所需要的力和力矩的大小，多用于机器人的控制仿真。

机器人工具箱中提供了 rne 函数，可以在输入各关节转角 q、关节角速度 q_d 和关节角加速度 q_{dd} 时返回机器人各关节所受的转矩大小，即进行机器人的逆动力学相关计算。其调用格式如下：

```
tau = R.rne(q, qd, qdd)
```

其中，q，q_d，q_{dd} 分别为各关节转角、角速度和角加速度的 $1 \times N$ 行向量，N 为机器人关节数。函数返回 $1 \times N$ 各关节所受力矩组成的行向量。q，q_d，q_{dd} 也可以是 $M \times N$ 的矩阵输入，表示机器人 M 个瞬时位形对应的各关节转角、速度、加速度，相应的计算结果 tau 也为 $M \times N$ 矩阵，表示 M 个位形瞬时各关节处所受转矩大小。此外，还可以添加额外的参数 grav 和 fext。grav 参数为自定义重力加速度向量，fext 参数为末端执行器受到的力和力矩的输入 $[F_x \ F_y \ F_z \ M_x \ M_y \ M_z]$。

对于 Staubli TX200 机器人，如果给定某个瞬时机器人位形为 $q_n = [0 - pi/2 - 3*pi/4 \ pi/4 \ pi/4 \ 0]$，各关节的角速度为 $q_d = [1 \ 1 \ 1 \ 1 \ 1 \ 1]$，单位为 rad/s，关节的角加速度分别为 $q_{dd} = [-2.193 \ 3, 7.966 \ 0, -6.061 \ 2, 3.940 \ 0, -1.956 \ 2, 17.354 \ 9]$，则使用 rne 函数计算各关节受到的力矩如下：

```
>> rbt.rne(q0,qd,qdd)
ans =
    9.9982   10.0012    0.0006    9.9999    0.0001   10.0000
```

与 6.5.2 节正动力学计算中给定的力矩值基本相符。假定给定时间变量 $t = 0:0.1:3$；初始位形为 $q_0 = [0 \ 0 \ 0 \ 0 \ 0 \ 0]$，终止位形为 $q_n = [0, -1.570 \ 8, -2.356 \ 2, 0.785 \ 4, 0.785 \ 4, 0]$，采用 jtraj 函数进行 5 次多项式插值轨迹规划：

```
>> [q,qd,qdd] = jtraj(q0,qn,t);
```

得到各位形处第三个关节的位置 q（rad）、角速度 q_d（rad/s）和角加速度

$\boldsymbol{q}_{dd}(\text{rad/s}^2)$ 均为 31×6 的矩阵。不同位形瞬时对应值分别如图 6.21 所示。

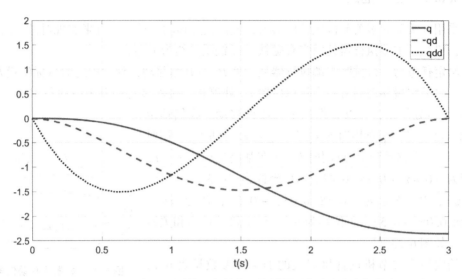

图 6.21　不同位形瞬时第三个关节处的位置、角速度和角加速度

输入矩阵 $\boldsymbol{q}$，$\boldsymbol{q}_d$，$\boldsymbol{q}_{dd}$，计算得到不同位形瞬时第三个关节处所受的力矩 tau(N·m) 值，如图 6.22 所示。调用 rne 函数进行逆动力学计算：

```
>>rbt.rne(q,qd,qdd)
```

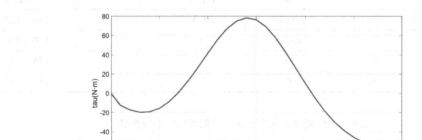

图 6.22　不同位形瞬时第三个关节处力矩值

6.6　机器人工具箱仿真实例

6.1 ~ 6.5 节介绍了如何使用 MATLAB 中的机器人工具箱通过标准 D – H 参数来构建机器人的各关节坐标系和建立机器人的可视化模型，以及如何使用工具箱进行多关节机械臂机器人的正逆运动学和正逆动力学计算，本节将结合实例介绍如何使用机器人工具箱来进行完整的机器人动力学计算。

6.6.1 任务描述

采用 6 关节的多关节机械臂机器人，模拟通过移动磁铁的位置来实现对微环的移动组装，机械臂末端执行器处固定有磁铁（磁铁质量约为 10 g）。

给定任务为：机械臂末端执行器从远处 P_0 点开始移动，到达指定的目标位置 P_1 处停止，之后缓慢移动到另一个目标位置 P_2 处停止，接着竖直提升末端执行器远离目标直到 P_3 点处停止，可以看作三个阶段性移动。我们预定从 P_0 点移动到 P_1 点用时 5 s，从 P_1 点移动到 P_2 点用时 3 s，从 P_2 点移动到 P_3 点用时 5 s（在基座坐标系下，P_0 坐标为 $(0.45, -0.15, 0.43)$，P_1 坐标为 $(0.35, -0.15, -0.6)$，P_2 坐标为 $(0.38, 0.05, -0.6)$，P_3 坐标为 $(0.38, 0.05, -0.5)$，单位均为 m）。整个移动过程和关键路径点如图 6.23 所示。

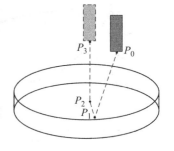

图 6.23　机器人移动任务
过程和关键路径点

给定该多关节机械臂机器人的 D – H 参数见表 6.7，各关节和关节电动机的物理参数见表 6.8。

表 6.7　组装机器人连杆机械臂的标准 D – H 参数表

连杆 i	$\theta_i/$（°）	d_i/mm	a_{i-1}/mm	$\alpha_{i-1}/$（°）	θ_i 范围/（°）
1	θ_1	0	0	90	$-160 \sim 160$
2	θ_2	0	431.8	0	$-60 \sim 150$
3	θ_3	150.05	20.3	-90	$-180 \sim 120$
4	θ_4	431.8	0	90	$-180 \sim 180$
5	θ_5	0	0	-90	$-135 \sim 135$
6	θ_6	0	0	0	$-180 \sim 180$

表 6.8　组装机器人关节和关节电动机的物理参数

关节	连杆质量 m	质心位置向量 r	电动机转动惯量 J_m	黏性摩擦系数 B	库仑摩擦力 T_c	关节传动比 G
1	0	$(0, 0, 0)$	200×10^{-6}	1.48×10^{-3}	$[+0.395, -0.435]$	-62.6111
2	17.4	$(-0.36, 0.006, 0.23)$	200×10^{-6}	0.82×10^{-3}	$[+0.126, -0.071]$	107.815
3	4.8	$(-0.02, 0.014, 0.07)$	200×10^{-6}	1.38×10^{-3}	$[+0.132, -0.105]$	-53.7063
4	0.82	$(0, 0.019, 0)$	33×10^{-6}	71.2×10^{-6}	$[+11.2 \times 10^{-3}, -16.9 \times 10^{-3}]$	76.0364
5	0.34	$(0, 0, 0)$	33×10^{-6}	82.6×10^{-6}	$[+9.26 \times 10^{-3}, -14.5 \times 10^{-3}]$	71.923
6	0.09	$(0, 0, 0.032)$	33×10^{-6}	36.7×10^{-6}	$[+3.96 \times 10^{-3}, -10.5 \times 10^{-3}]$	76.686

各关节的转动惯量矩阵包含 6 个独立的变量，分别为：

$L_1 : \boldsymbol{I}_1 = [0, 0.35, 0, 0, 0, 0]$

$$L_2 : \boldsymbol{I}_2 = [0.13, 0.524, 0.539, 0, 0, 0]$$

$$L_3 : \boldsymbol{I}_3 = [0.066, 0.086, 0.125, 0, 0, 0]$$

$$L_4 : \boldsymbol{I}_4 = [1.8 \times 10^{-3}, 1.3 \times 10^{-3}, 1.8 \times 10^{-3}, 0, 0, 0]$$

$$L_5 : \boldsymbol{I}_5 = [0.3 \times 10^{-3}, 0.4 \times 10^{-3}, 0.3 \times 10^{-3}, 0, 0, 0]$$

$$L_6 : \boldsymbol{I}_6 = [0.15 \times 10^{-3}, 0.15 \times 10^{-3}, 0.04 \times 10^{-3}, 0, 0, 0]$$

6.6.2 运动模型构建

根据标准 D - H 参数用机器人工具箱构建机器人的三维模型,如图6.24所示。

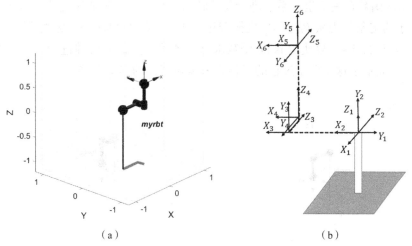

（a）   （b）

图 6.24 机器人三维模型搭建

(a)机器人工具箱搭建的三维模型;(b)从基座到末端执行器的各关节坐标系

```
>> robot = SerialLink([L1 L2 L3 L4 L5 L6],'name','myrbt');
robot =
myrbt(6 axis, RRRRRR, stdDH, fastRNE)
+-+----------+----------+----------+----------+----------+
|j|   theta|        d|        a|    alpha|  offset|
+-+----------+----------+----------+----------+----------+
|1|      q1|        0|        0|    1.571|        0|
|2|      q2|        0|     0.43|        0|        0|
|3|      q3|      0.1|     0.02|    -1.57|        0|
|4|      q4|    0.432|        0|    1.571|        0|
|5|      q5|        0|        0|    -1.57|        0|
|6|      q6|        0|        0|        0|        0|
+-+----------+----------+----------+----------+----------+
```

```
grav =      0  base =  1  0  0  0        tool =  1  0  0  0
            0          0  1  0  0                0  1  0  0
           10          0  0  1  0                0  0  1  0
                       0  0  0  1                0  0  0  1
```

6.6.3 轨迹规划和运动学计算

已知在基座坐标系下，路径中的关键点坐标为 $P_0 = (0.45, -0.15, 0.43)$，$P_1 = (0.35, -0.15, -0.6)$，$P_2 = (0.38, 0.05, -0.6)$，$P_3 = (0.38, 0.05, -0.5)$，单位均为 m。采用 jtraj 函数在关节坐标系下进行关节转角和角速度、角加速度的 5 次多项式插值拟合。由于给定条件为从 P_0 到 P_1 机械臂运行 5 s，从 P_1 到 P_2 机械臂运行 3 s，从 P_2 到 P_3 机械臂运行 5 s，故使用 ikine 函数求出路径关键点的逆解并进行关节转角插值拟合。图 6.25 展示了这 3 个子过程的机器人末端执行器的移动轨迹。

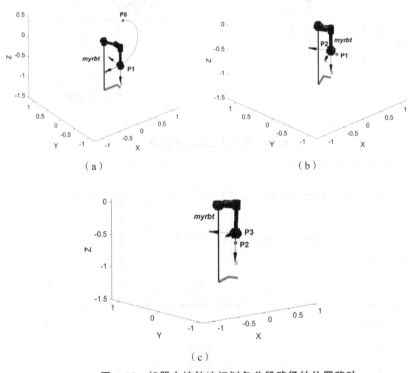

（a）　　　　　　　　　　　　　　　　（b）

（c）

图 6.25　机器人按轨迹规划各分段路径的位置移动

（a）从 P_0 到 P_1 的位置移动；（b）从 P_1 到 P_2 的位置移动；（c）从 P_2 到 P_3 的位置移动

```
>> q1 = robot.ikine(P0)
>> q2 = robot.ikine(P1)
```

```
>> q3 = robot.ikine(P2)
>> t1 = [0:0.05:5]';
>> t2 = [5:0.05:8]';
>> t3 = [8:0.05:13]';
>> [sq1, sdq1, sddq1] = jtraj(q0,q1,length(t1));
>> [sq2, sdq2, sddq2] = jtraj(q1,q2,length(t2));
>> [sq3, sdq3, sddq3] = jtraj(q2,q3,length(t3));
```

各段轨迹上插值点位形各关节的关节转角 q、关节角速度 q_d 和关节角加速度 q_{dd} 分别如图 6.26、图 6.27 和图 6.28 所示。

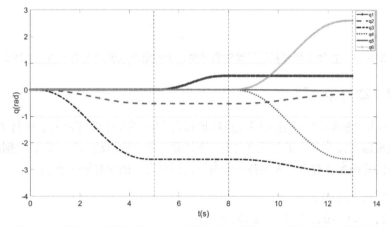

图 6.26　按轨迹规划路径移动时各段轨迹上插值点位形的各关节的转角

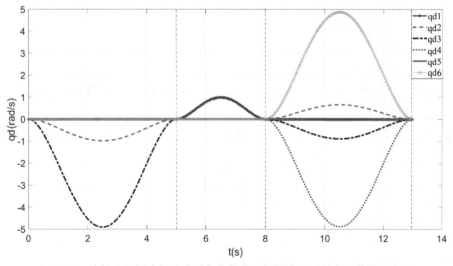

图 6.27　按轨迹规划路径移动时各段轨迹上插值点位形的各关节的角速度

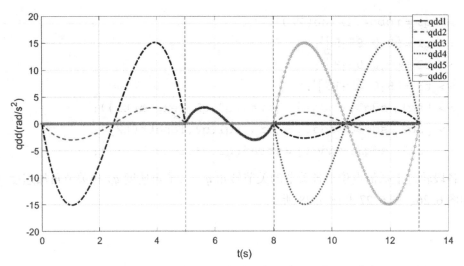

图 6.28 按轨迹规划路径移动时各段轨迹上插值点位形的各关节的角加速度

6.6.4 动力学计算

6.6.3 小节中根据给定任务的路径点插值拟合对机器人各机械臂关节进行了轨迹规划。为了计算出机器人各关节所需力矩的大小，即计算机器人的逆动力学，需要根据给定的电动机和各关节的物理参数对机器人的各关节参数进行设定。例如对于关节 2：

```
>> L2.m = 17.4;
>> L2.r = [ -0.36,0.006,0.23 ];
>> L2.I = [0.13,0.524,0.539,0,0,0];
>> L2.Jm = 200e -6;
>> L2.G = 107.815;
>> L2.B = 0.82e -3;
>> L2.Tc = [ +.126, -.071];
Link2 :: theta = q, d = 0, a = 0.4318, alpha = 0, offset = 0 ( R,stdDH)
m    =    17.4
r    =    -0.36       0.006       0.23
I    = |   0.13          0            0 |
       |   0           0.524         0 |
       |   0             0         0.539 |
Jm   =    0.0002
Bm   =    0.00082
Tc   =    0.126( + )      -0.071( - )
G    =    107.8
qlim = -1.047198 to 2.617994
```

通过轨迹规划得到了机器人移动过程中不同位形瞬时对应的各关节的转角 q、角速度 q_d、角加速度 q_{dd}，末端执行器处受外力可以表示为 $\mathrm{fext} = \begin{bmatrix} F_x & F_y & F_z & M_x & M_y & M_z \end{bmatrix}$，分别对应基座坐标系下 $x,\ y,\ z$ 方向所受力和力矩大小。由于末端执行器只受磁铁重力的作用，故 $\mathrm{fext} = \begin{bmatrix} 0 & 0 & -0.098 & 0 & 0 & 0 \end{bmatrix}$。

使用 rne 函数进行逆动力学计算，重力加速度取 $9.8\ \mathrm{m/s}^2$。

```
>>tau = robot.rne(q, dq, ddq, [0 0 9.8], [0 0 -0.098 0 0 0]);
```

计算得到各关节处所需力矩大小如图 6.29 所示。

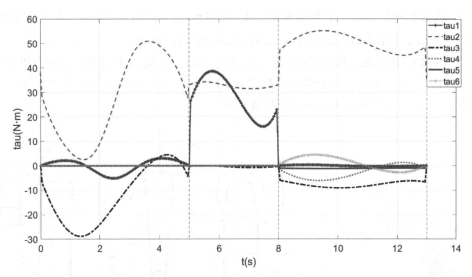

图 6.29　按轨迹规划路径移动时各段轨迹上插值点位形的各关节处所需力矩

6.7　本章小结

本章主要介绍了 MATLAB 中一种广泛应用于机器人学计算的高效工具——机器人工具箱（Robotics toolbox for MATLAB）及其在机器人运动学和动力学分析中的应用。首先介绍了机器人工具箱的安装、组成和用途，接着介绍了机器人学有关的一些基础知识，包括刚体姿态的描述、连杆坐标系的建立、D-H 参数和机械臂运动的轨迹规划等。机器人工具箱包含与这些基础知识有关的一些基本函数，本章介绍了其中一些比较常用的矩阵变换和轨迹规划等函数。然后重点介绍了如何使用机器人工具箱中的函数进行机器人运动学计算和动力学分析。机器人运动学计算包含正运动学计算和逆运动学计算，机器人工具箱中的 fkine 函数可用于正运动学计算，通过实例展示了其使用方法。关于逆运动学的计算，目前为止主要分为两大类方法：解析方法和数值方法，本章分别结合实例介绍了机器人工具箱中对应这两类方法的 ikine6s 和 ikine 函数的具体应用。机器人动力学分析的关键是对动力学方程组的求解，同样也包含正动力学求解和逆动力学的求解，本章介绍了动力学方程组的各项系数的物理含义及工具箱中分别对应的求解函数，并介绍了动力学方程组的求解方法，结合实例分别展示了如何使用 MATLAB 机器人工具箱中 fdyn，accel 和 rne 函数进行机器人的正逆动力学求解。最后，通过一个完整的微纳机器人组装任务实例，综合运用机器人工具箱各函数接口分别进行了机器人运动模型建立、轨迹规划、运动学计算和动力学计算，展示了机器人工具箱在机器人学计算和分析中的应用。

习题

1. 已知坐标系 $\{B\}$，它绕坐标系 $\{A\}$ 的 Z 轴旋转了 $30°$，沿 X_A 平移了 5 个单位，再沿 Y_A 平移了 3 个单位。已知 $^AP = [3.0 \quad 7.0 \quad 0.0]$，求 ^BP。

2. PUMA500 机器人被广泛应用于工业生产制造中。其本体的关节结构由回转的机体、大臂、小臂、腕部等部分组成，如图 6.30 所示，共有 6 个关节自由度，属于关节型机器人。机器人的标准 D – H 参数见表 6.9。

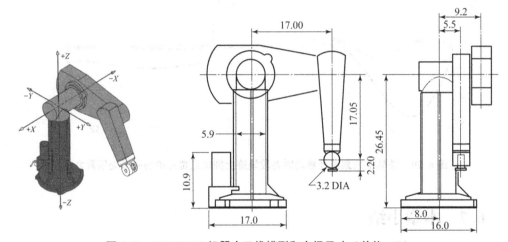

图 6.30　PUMA500 机器人三维模型和空间尺寸（单位：ft）

表 6.9　PUMA500 机器人的标准 D – H 参数

连杆/i	θ_i	d_i/mm	a_{i-1}/mm	α_{i-1}/（°）
1	θ_1	0	431.8	90
2	θ_2	0	20.30	0
3	θ_3	150.05	0	−90
4	θ_4	433.07	0	90
5	θ_5	0	0	−90
6	θ_6	55.588	0	0

（1）根据 D – H 参数表，使用机器人工具箱对 PUMA500 机器人建模并利用工具箱函数展示其三维模型。

（2）使用机器人工具箱计算 PUMA500 机器人在关节角为 ［0 0 0 0 0 0］ 时，其末端执行器的笛卡尔坐标系下的位姿矩阵。接着根据计算得到的末端执行器位姿矩阵分别求解各关节位置的数值解和封闭解（解析解），并与给出的关节角进行对比。

（3）假设在某段轨迹移动过程中，机械臂末端处固定有磁铁（磁铁质量约为10 g），机器人各关节初始角度为 ［0 0 0 0 0 0］，终止角度为 ［pi/4 pi/3 0 − pi/2 − pi/2 0］，整个运行时长为 5 s。假定初始时刻和终止时刻的角速度和角加速度都为零，不考虑各关节处的库仑摩擦力，机器人各关节和关节电动机的物理参数见表 6.10。请使用机器人工具箱进行五次多项式插值和轨迹规划，并求解这一过程中机器人各关节处的力矩变化。

表 6.10　机器人关节和关节电动机的物理参数

关节	连杆质量 m	质心位置向量 r	电动机转动惯量 J_m	黏性摩擦系数 B	关节传动比 G
1	21.534 4	(0.215 9, 0, 0)	0.1	1.48×10^{-3}	− 62.611 1
2	1.012 4	(0.010 1, 0, 0)	0.1	1.48×10^{-3}	107.815
3	7.483 2	(0, 0, 0.075 0)	0.1	1.48×10^{-3}	− 53.706 3
4	21.597 8	(0, 0.216 5, 0)	0.1	1.48×10^{-3}	76.036 4
5	0.1	(0, 0, 0.005)	0.1	1.48×10^{-3}	71.923
6	2.772 2	(0, 0, 0.027 8)	0.1	1.48×10^{-3}	76.686

各关节的转动惯量矩阵包含 6 个独立的变量，分别为：

$L_1: \boldsymbol{I}_1 = [0.001\ 1, 0.775\ 4, 0.775\ 4, 0, 0, 0]$

$L_2: \boldsymbol{I}_2 = [0.000\ 1, 0.001\ 7, 0.001\ 7, 0, 0, 0]$

$L_3: \boldsymbol{I}_3 = [0.093\ 7, 0.093\ 7, 0.000\ 4, 0, 0, 0]$

$L_4: \boldsymbol{I}_4 = [0.780\ 0, 0.001\ 1, 0.780\ 0, 0, 0, 0]$

$L_5: \boldsymbol{I}_5 = [0.000\ 1, 0.000\ 1, 0, 0, 0, 0]$

$L_6: \boldsymbol{I}_6 = [0.012\ 9, 0.012\ 9, 0.000\ 1, 0, 0, 0]$

第 7 章

机器人学 Simulink 仿真

Simulink 仿真系统是 MATLAB 最重要的组件之一，其能够使用户和系统进行动态系统建模、仿真和分析。在 MATLAB 的 Simulink 仿真系统中，系统提供了标准的模型库，能够帮助用户在此基础上创建新的模型库，描述、模拟、评价和细化系统的行为，从而达到系统分析的目的。此外，还可以通过和其他软件包产品结合使用来完成更多的分析任务。

在 MATLAB 中，可以实现和运行的工具包很多，并且随着版本的更新，新加入的包也越来越多，专业范围也越来越广泛，如通信、控制、电力等领域都有比较系统和深入的包提供。本章对在 MATLAB 中使用 Simulink 系统分析进行介绍，关于更详细的内容，用户可以查阅软件内的 help 帮助文件，结合实际需求进行学习。

7.1 Simulink 基本操作

7.1.1 Simulink 的特点

在 Simulhik 提供的图形用户界面（GUI）上，只要进行鼠标的简单拖拽操作就可以构造出复杂的仿真模型。其外表以方块图形式呈现，且采用分层结构。从建模的角度来说，这既适于自上而下（Top – down）的设计流程（概念、功能、系统、子系统直至器件），又适于自下而上（Bottom – up）的逆向设计。从分析研究的角度来说，这种 Simulmk 模型不仅能让用户知道具体环节的动态细节，而且能让用户清晰地了解各器件、各子系统、各系统间的信息交换，掌握各部分之间的交互影响。在 Simulink 中，用户将摆脱理论演绎时需做理想化假设的无奈，观察到现实世界中摩擦、风阻、饱和、死区等非线性因素和各种随机因素对系统行为的影响。在 Simulink 中，用户可以在仿真进程中改变感兴趣的参数，实时地观察系统行为的变化。由于 Simulink 环境使用户摆脱了深奥数学推演的压力和烦琐编程的困扰，因此用户在此环境中会产生浓厚的探索兴趣，引发活跃的思维，感悟出新的真谛。

Simulink 的主要特点可以归纳如下：

➢ 丰富的预定义模块库；
➢ 交互式的图形编辑器；
➢ 支持 MATLAB 语言和 C 语言式的功能模块扩展；
➢ 进行系统交互式或批处理式的仿真；

➢ 支持交互式定义输入和浏览输出；

➢ 进行数据分析及可视化，开发图形用户界面，以及创建模型数据、参数，提供模型分析和诊断工具。

7.1.2　Simulink 启动与基础操作

1. Simulink 的启动

在启动 Simulink 软件包之前，首先要启动 MATLAB 软件。在 MATLAB 中主要有两种启动 Simulink 的方法。

➢ 单击工具栏上的"Simulink"按钮；

➢ 在命令行中键入"Simulink"。

随后单击"Library Browser( )"打开界面，如图 7.1 所示。

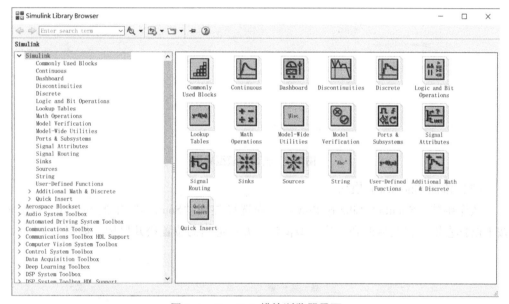

图 7.1　Simulink 模块浏览器界面

Library Browser 为用户提供了有非常丰富的模块组，主要包括 Simulink、Aerospace Blockset、Fuzzy Logic Toolbox、Real Time Workshop 等。选择相应的类别，就可以显示出相应的函数。用户可以直接将该函数选中后拉入工作界面。

2. Simulink 创建仿真模型示例

一个典型的 Simulink 模型由信号源、系统及显示三个部分组成，它们的关系如图7.2 所示。

图 7.2　Simulink 系统创建流程

下面将结合具体的示例操作过程来介绍 Simulink 的创建过程，以及添加模块、设置模块属性、连接模块等。

【例 7.1】　用 Simulink 模拟信号 chirp 和 Sine 叠加后的信号输出。

（1）创建新模型界面

从创建的库函数 "Simulink Library Browse" 界面中单击 "Creat a Simulink model" 创建新的模型，或者从菜单栏选择 "File" → "New" → "Blank Model" 打开一个新的模型窗口，如图 7.3 所示。

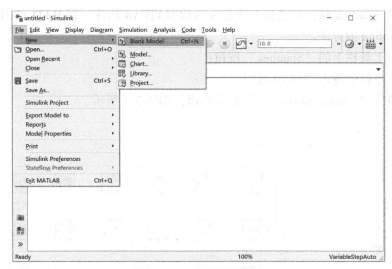

图 7.3　创建新模型界面

（2）添加 Sine Wave 模块

从库函数 "Simulink Library Browse" 中选择类别 "Sources" 中的 Sine Wave 模块。按下鼠标左键，将其拖拽到新建模型窗口中并在适当的位置松开鼠标，如图 7.4 所示。

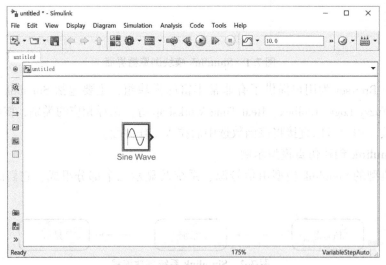

图 7.4　添加 Sine Wave 模块

在 Simulink 编程中，选定模块后可以进行剪切、复制、粘贴、移动等操作，如图 7.5 所示。

图 7.5　模块基本操作设置

➢ 选定模块

选定模块后，在模块周围会出现蓝色的线框，如选择多个模块，可以按住 Shift 键后，用鼠标依次点选模型，也可以用鼠标框选多个模块。

➢ 模块的复制

模块的复制方法有两种方式：一是在同一窗口内复制，按下鼠标右键拖动模块到合适的位置松开鼠标即可；或按下 Ctrl 键，再按下鼠标左键进行复制。同一窗口下复制后的模块会默认在模块名称后添加数字进行区分。二是不同窗口下的复制，只需鼠标左键选中模块后拖至另一窗口即可。

➢ 旋转模块

当需要修改模块的方向时，选中模块，单击右键，在弹出的菜单中选择 "Format" 菜单下的 "Flip Block" 和 "Rotate Block" 命令。

（3）设置 Sine Wave 模块的属性

外观属性的设置需要用户单击鼠标右键，在弹出的菜单中修改组件的背景颜色等。若需要改变模块的参数，则鼠标双击 "Sine Wave" 模块，此时系统弹出 "Sine Wave" 模块的参数设置对话框，如图 7.6 所示。

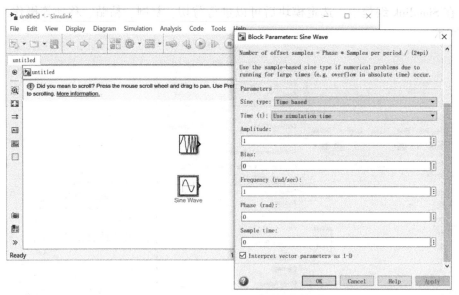

图7.6 设置"Sine Wave"模块的属性

（4）Chirp 模块的添加和设置

重复上述操作步骤，在 Simulink 库函数选择窗口的"Sources"选项中选择"Chirp"模块，用鼠标拖放到模型窗口。和"Sine Wave"模块参数设置使用同样的方法，双击模块，弹出模块属性设置窗口（图7.7）。

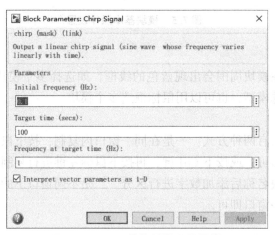

图7.7 Chirp 模块属性设置界面

（5）添加数字运算 Add 模块

从"Simulink Library Browse"选择页面中选择"Math Operations"，用鼠标拖拽"Add"模块到窗口中（图7.8）。

（6）添加 Scope 模块

同样，在"Simulink Library Browse"页面中展开选项"Sinks"，选择"Scope"模块并拖拽到模型窗口中（图7.9）。

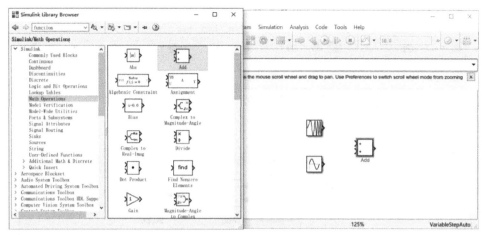

图 7.8　添加数学运算模块

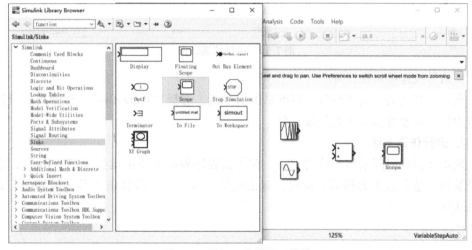

图 7.9　添加示波器显示模块

3. 连接各部分模块

如图 7.10 所示，用鼠标按顺序连接各模块。连线过程中，Simulink 会根据线路的行走方向自动调整连线的位置和方位。接下来对信号线的连接做简单介绍：

➢ 连接信号线

将光标放在模块的输出端，光标变为十字形后，按下鼠标左键拖动至模块输入端即可自动连线。连线过程中，按下 Shift 键便可将连线变为斜线连接方式。

➢ 连接线的分支

在比较复杂的仿真系统中，一个信号往往需要分送到不同模型的多个输入端口。将鼠标光标指向分支线起点，按下鼠标左键，拖动十字光标至分支线的终点并释放鼠标。

➢ 信号线的标识

为信号线添加标识时，需要双击信号线，在弹出的空白文本框中输入文字作为信号线的标识。

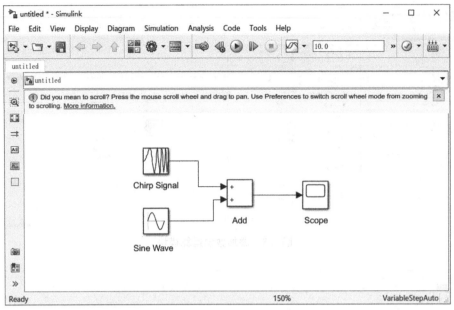

图 7.10　各模块连线图

➢ 信号线连接属性设置

设置信号线的连接属性时，右键单击信号线，选择"Properties"，在弹出的设置对话框中设置或改变信号线的连接属性。

4. 运行仿真系统

模拟运行的时间采用默认的 10 s。在仿真程序界面上单击运行按钮"Run"，系统将开始进行整个波形的仿真。此时，双击模块"Scope"，将弹出波形显示界面，如图 7.11 所示。

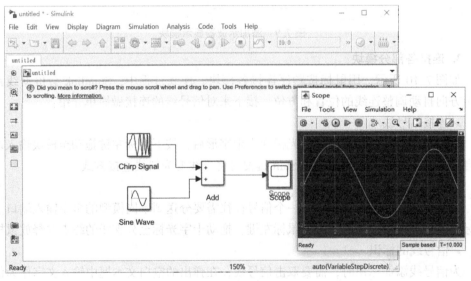

图 7.11　示波器显示结果

最后，单击仿真系统创建页面的保存按钮或通过选择 "File" → "Save" 选项后将该仿真系统保存为 .mdl 文件。

7.2　Simulink 模块库和系统仿真

7.2.1　Simulink 模块库常用模块介绍

Simulink 模块库浏览器如图 7.12 所示。工具栏提供了一些主要的功能和选项，包括新建模型（Creat a Simulink Model）、打开模型（Open）、切换按钮（Stay on Top）、查询（Search）等。

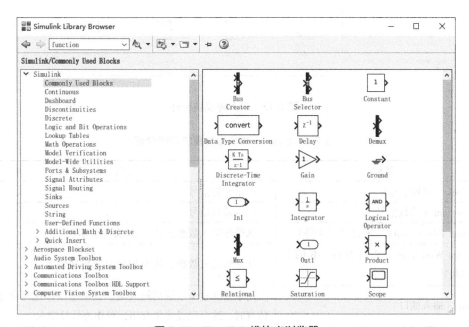

图 7.12　Simulink 模块库浏览器

Simulink 模块库按功能分类，主要包括以下子库：

➢ Continuous（连续模块）；

➢ Discrete（离散模块）；

➢ Discontinuous（非线性模块）；

➢ Math Operations（数学模块）；

➢ Signal Routing（信号通路模块）；

➢ Sinks（接收器模块）；

➢ Sources（输入源模块）。

1. 输入源模块（Sources）

输入源模块组包括的模块如图 7.13 所示，各模块的功能介绍见表 7.1。

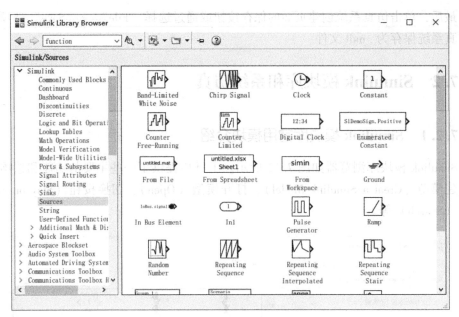

图 7.13　输入源模块组件

表 7.1　Sources 模块组各模块功能介绍

名称	说明
Clock（时钟信号）	产生时钟信号
Constant（常数信号）	产生常数信号
From File（.mat）（来自数据文件）	从外部输入数据，从 .mat 文件中输入
From Workspace（来自 MATLAB 的工作空间）	从外部输入数据，从 MATLAB 工作区输入
In1（输入端口）	用来反映整个系统的输入端，在模型线性化与命令行仿真时，这个设置非常有用，可作为信号输入
Signal Generator（信号发生器）	可产生正弦波、方波、锯齿波等信号，并且可以设置幅度和频率
Pulse Generator（脉冲发生器）	产生脉冲信号，可以设置幅度周期、宽度等信息
Ramp（斜坡信号）	产生斜坡信号
Repeating Sequence（重复信号）	可构造重复的输入信号
Sine Wave（正弦波信号）	产生正弦波信号
Step（阶跃波信号）	产生阶跃信号
限带白噪声（Band – Limited White Noise）	一般用于连续或混合系统的白噪声信号输入
Ground（接地模块）	一般用于表示零输入模块，如果一个模块的输入端没有接其他任何模块，接地模块（Ground）仿真时往往会出现警告

（1）Sine Wave 模块

可以根据用户设定的参数直接生成正弦信号。信号生成方式有两种（图 7.14）：

➤ Time based 方式：需要用户设定的参数有 Amplitude（幅度）、Bias（偏移）、Frequency（频率）、Phase（初相）、Sample time（采样时间）。

➤ Sample based 方式：需要用户设定的参数有 Amplitude（幅度）、Bias（偏移）Samples per period（每周期采样数）、Number of offset samples（偏移采样数）、Sample time（采样时间）。

值得注意的是，采样时间设置为 0 时，表示以连续方式工作；当设置为大于 0 的数时，则以所设采样时间工作。Sample based 模块是不能以连续的方式工作的。

图 7.14　Sine wave 模块参数设置

（2）From Workspace 模块

可以从工作空间中读取数据作为输入信号，如图 7.15 所示。

➤ Data：填写从工作空间的哪个变量读取数据。

➤ Sample time：设置采样时间。

特别地，"Data" 文本框中填写的数据必须是包含以时间信号为自变量的信息。若选中 "Interpolate data"，则时刻之间的值通过插值获得；若不选中 "Interpolate data"，则输出信号将保持前一个给出了信号值的时刻的值。

（3）From File 模块

可以从 .mat 文件的第一个矩阵中读取数据作为输入信号，该矩阵的第一行被认为给出了一组时刻值，其余行给出了相应的信号值。在使用此模块时，需要设置 .mat 文件名和采样时间，如图 7.16 所示。

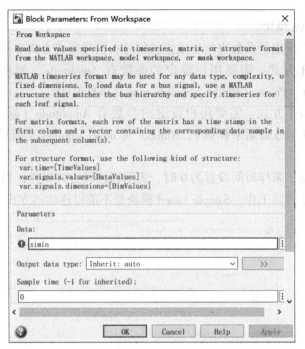

图 7.15　From Workspace 模块参数设置

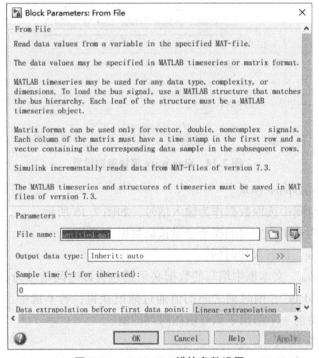

图 7.16　From File 模块参数设置

2. 常用接收器模块（Sinks）

在 Simulink 仿真系统完成系统仿真之后，需要将产生的结果进行显示或存储为数据文件等。可以添加不同的仿真结果显示或存储方式，常见的存储或显示模块在 Simulink 模块库的 Sinks 子项下，如数值显示、示波器、终止仿真、把数据保存为文件、把数据输出为矩阵、显示 $X-Y$ 图形等。

其中常见的模块展示如图 7.17 所示，部分模块介绍见表 7.2。

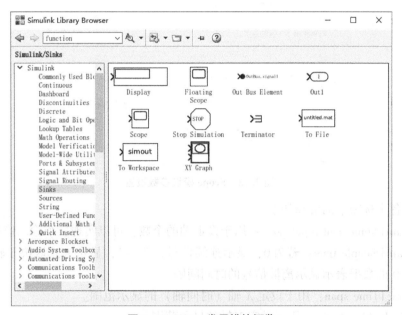

图 7.17　Sinks 常用模块概览

表 7.2　模块库 Sinks 的常见模块及其功能介绍

名称	说明
Display（信号值显示窗口）	将信号值显示于模块窗口
Out1（输出端口）	用来反映整个系统的输出端，这样的设置在模型线性化与命令行仿真时是必需的，在系统直接仿真时，这样的输出将自动在 MATLAB 工作空间中生成变量
Scope（示波器）	将输入信号输出到示波器中显示出来
Terminator（终结模块）	用来终结输出信号，在仿真时，可以避免由于某些模块的输出端无连接信号而导致的警告
To File（.mat）（将仿真结果保存为 .mat 文件）	将仿真结果保存为 .mat 文件
To Workspace（将结果保存到 MATLAB 的工作空间）	将模块输入的数据输出到工作区
XY Graph（$X-Y$ 示波器模块）	将两路信号分别作为示波器的两个坐标轴，以显示信号的相位轨迹

这里主要对 Scope 模块进行解释说明：

Scope 可以接收多个输入信号，每个端口的输入信号都将在一个坐标轴中显示出来，并以不同的颜色加以区分。若为离散信号，则显示信号的阶梯图，打开"Configuration Properties"就可看到主要参数设置界面，具体的参数设置如图 7.18 所示。

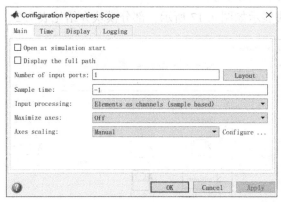

图 7.18　Scope 模块参数设置

其中各个选项卡的解释如下：

➤ Main|Number of input ports：用于设定轴的个数，可以实现多个输入信号的显示。

➤ Main|Sample time：若为 0，显示连续信号；为 –1，显示方式取决于输入信号；任何大于 0 的数据表示显示离散信号的时间间隔。

➤ Time|Time span：用于设定 X 轴（时间轴）的显示范围。

➤ Display|Y – limits：用于设定 Y 轴的显示范围。

➤ Logging|Limit data points to last：设定缓冲区接收数据的长度，勾选为缺省状态，其值为 5 000。

➤ Logging|Log data to workspace：确定示波器数据是否保存到 MATLAB 工作空间。若勾选，则为保存，且需确定变量名和保存格式（缺省时，不被勾选）。

7.2.2　Simulink 仿真系统设置

使用 Simulink 进行系统仿真时，实际上是对描述系统的一组微分或差分方程进行求解，需要设置的仿真参数主要包括仿真系统的起始时间和终止时间、仿真步长选择、数值方法、是否从外界获得数据、是否向外界传输数据等。这些参数可通过"Simulation"→"Mode Configuration Parameters"菜单项进行设置，如图 7.19 所示。

可设置的选项如下：

1. 解算器（Solver）的设置

解算器（Solver）参数设置页面如图 7.20 所示。

Solver 解算器的具体参数说明如下。

➤ Simulation time：

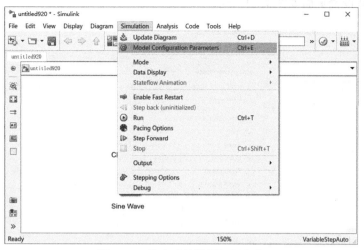

图 7.19 仿真系统设置打开方式

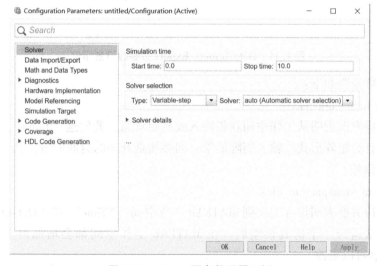

图 7.20 Solver 页参数设置示例

Start time（仿真开始时间）和 Stop time（仿真终止时间）可以通过在页内编辑框内输入相应数值来设置，单位为"秒"。另外，用户还可以利用 Sinks 库中的 Stop 模块来强行终止仿真。

➤ Solver selection：

分为定步长算法和变步长算法两类。定步长支持的算法可以在"Fixed – step"编辑框中指定步长，或选择"auto"，由计算机自动确定步长。离散系统一般默认选择定步长算法，在实时控制中，则必须选用定步长算法；对于变步长算法，连续系统仿真一般选择"ode45"。

2. Data Import/Export 的设置

这个页面的作用是定义将仿真结果输出到工作空间，以及从工作空间得到输入和初始状态。参数设置页面如图 7.21 所示。

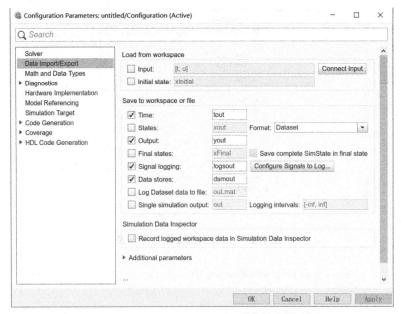

图 7.21　Data Import/Export 页参数设置示例

具体参数说明如下：

➤ Load from workspace：

勾选相应方框表明从工作空间获得输入或初始状态。若勾选"Input"，则工作空间提供输入，且为矩阵形式。输入矩阵的第一列必须是升序的时间向量，其余列分别对应不同的输入信号。

➤ Save to workspace or file：

勾选相应方框表明保存输出到 MATLAB 工作空间。"Time"和"Output"为缺省选中的，即一般运行一个仿真模型后，在 MATLAB 工作空间都会增加两个变量 tout 和 yout，变量名可以更改。

7.3　子系统创建与封装

如果研究的系统比较复杂，直接使用 Simulink 模块构成的仿真模型会比较庞大。如果能够把整个系统按照实现功能或对应的物理器件划分成块（子系统）进行研究，将使整个模块更加简洁，可读性也更高。使用子系统具有以下几个优点：

➤减少模块窗口中的模块个数，使模型窗口更加简洁；

➤将一些功能相关的模块进行集成，可以实现功能复用；

➤可以提高整个系统的运行效率和可靠性；

➤符合面向对象的概念，方便用于概念抽象。

7.3.1　通过子系统模块来建立子系统

在 Library Browser 中，单击"Ports & Subsystems"即可看到不同类型的子系统模块。拖动其中一个模块到模型窗口就可以创建子系统，双击图标就可以打开子系统的编辑窗口，如图 7.22 所示。通过这种方式创建子系统时，实际上采用的是先创建包装然后封装内容的方式。

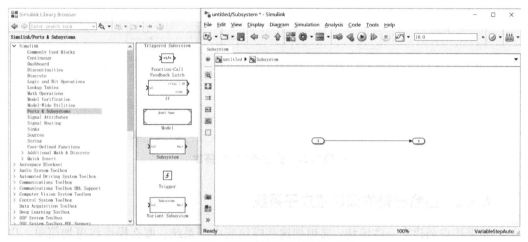

图 7.22　子系统的添加与参数设置

【例 7.2】　使用子系统模块创建子系统。

①从"Ports & Subsystems"模块项中拖动"Subsystem"加入仿真系统界面，双击"Subsystem"，加入适当的模块并按照顺序用线连接起来，子系统就建立成功了（图 7.23）。

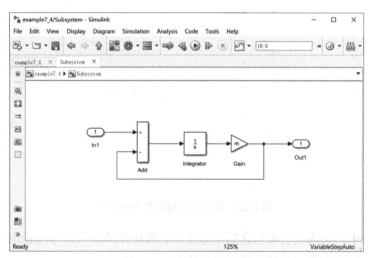

图 7.23　子系统创建示例

②退回到子系统外部页面，用户可以根据需要更改 Subsystem 名称，添加"Sine(x)"

后，便可得到完整的仿真系统，如图 7.24 所示。

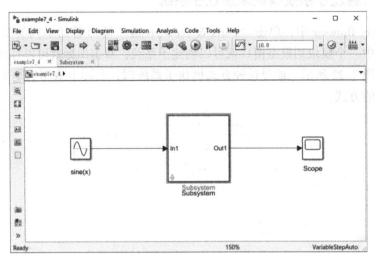

图 7.24 完整子系统的搭建

7.3.2 组合已有的模块建立子系统

如果用户创建完一些模块，又想把这些模块变成子系统，那么操作将更加简单。以例 7.2 为例，其操作步骤如下：

①用方框同时选中待组合的模块，选择菜单栏中的"Diagram"→"Subsystem & Model Reference"→"Create Subsystem from Selection"创建子系统（图 7.25）。

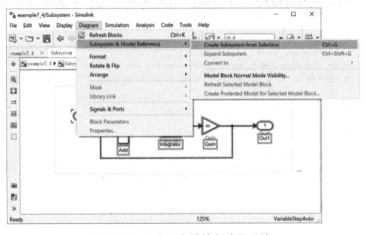

图 7.25 组合已有模块创建子系统

②此时选中的模块就会被包含到子系统中，再将外部输入信号与输出端 Scope 按顺序连接起来，完整的仿真系统就创建完成了。

③运行后，仿真结果如图 7.26 所示。

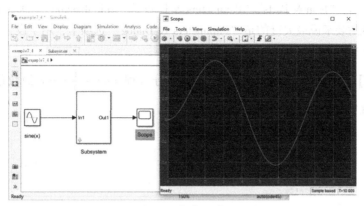

图 7.26　例 7.2 仿真系统运行结果

7.3.3　封装子系统

前面介绍的子系统创建方法一般称为简装子系统方法，其优点比较明显，在子系统情况下，模型更加简洁，也能够提高问题研究的概念抽象能力及面向对象的访问能力。但是使用简装子系统创建时，子系统将直接从工作空间中获取变量的数值，容易发生变量冲突，并且简装子系统的规范化程度较低。

如果采用封装子系统方式来创建子系统，那么可以克服简装子系统的缺点，得到的子系统和普通的模块相同，存在自己的工作空间及独立于基础模块的工作空间，且集成化的封装子系统便于用户管理庞大、复杂的仿真模型，使得模型更加清晰简洁。

封装子系统的创建方法为：按照之前的方法（如例 7.2 所示）创建子系统并选中，从菜单栏中选择"Diagram"→"Mask"→"Create mask"命令，系统将弹出封装子系统的系统对话框，如图 7.27 所示。

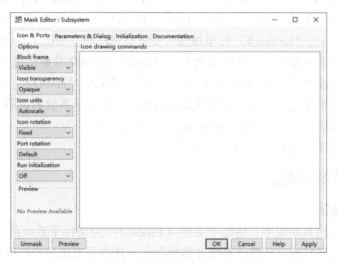

图 7.27　封装子系统参数设置界面

在该对话框中，可以设置封装子系统的参数属性、模块描述、帮助说明等。该对话框中含有 4 个选项卡："Icon & Ports""Parameters & Dialog""Initialization""Documentation"。其中对于子系统封装来说最关键的是"Parameters & Dialog"选项卡，用于设置参数变量及其类型等。下面通过简单的示例来创建封装子系统。

【例 7.3】 编写仿真系统模块，求解微分方程 $\sin x - \dfrac{1}{2}x = x'$ 的数值解。创建的 Simulink 仿真系统如图 7.28 所示。

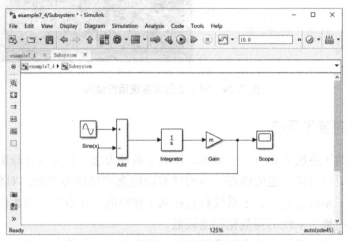

图 7.28 求解微分方程的仿真系统

步骤如下：

①创建简单子系统。将仿真系统中的模块 Sum、Integrator 及 Gain 按照前述方法（如例 7.2 所示）创建为简单子系统，从菜单栏中选择"Diagram"→"Mask"→"Mask Editor"，系统将弹出封装子系统的系统对话框，并将"Gain"的增益改为变量"m"。

②创建封装子系统。打开系统属性对话框。在该对话框中选择"Parameters & Dialog"选项卡，在该选项卡中的"Gain"标签后面添加参数"m"，并在右侧"Property editor"的"Callback"后添加输入变量检测代码，如图 7.29 所示。

③当设置完参数选项后，可以设置封装子系统的初始化参数。选择"Initialization"选项卡，在该面板中可以设置封装子系统的初始化参数数值"m = 1/2"，如图 7.30 所示。

④在该对话框中还可以设置封装子系统的图标及封装子系统的说明文档，这两个选项可以在"Icon&Ports"和"Documentation"中进行设置。

运行仿真程序，仿真结果如图 7.31 所示。

7.3.4 条件子系统

1. 使能子系统

在 Simulink 仿真系统中，使能子系统（Enabled）为条件子系统的一种。只有当控制信号满足一定条件时，使能子系统才能够执行。使能子系统的控制信号和输入信号都可以为标量和向量，当子系统的输入变量大于零或每个数组元素都大于零时，使能子系统才能够执行。

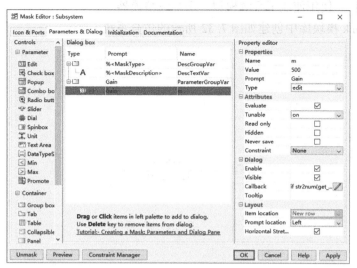

图 7.29　设置封装子系统参数

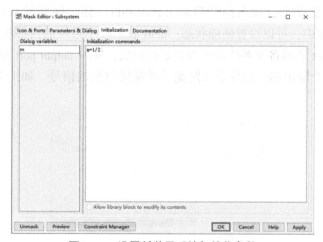

图 7.30　设置封装子系统初始化参数

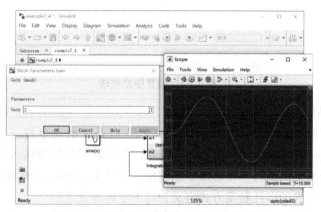

图 7.31　封装子系统参数设置及仿真结果

【例 7.4】 　使用使能子系统模拟一个半波整流器。

从 Simulink 模块库中创建如图 7.32 所示的仿真系统。

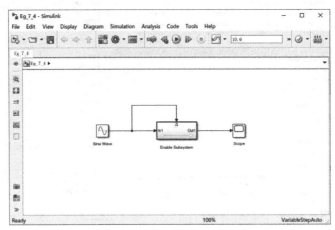

图 7.32　半波整流器仿真系统

打开使能子系统后，双击使能模块（Enabled），弹出使能模块设置对话框（图7.33）。在对话框中，可以设置使能状态。held 表示把子系统的内部状态保存在前次使能的终值上；reset 表示将子系统设定为指定的初值；Show output port 复选框表示使能子系统将会产生一个输出端，向外输出使能子系统接收到的信号。如图 7.34 所示为仿真波形。

图 7.33　设置使能模块

2. 触发子系统

触发子系统同样是条件子系统的一种，只有当系统触发事件（或信号）发生时，触发控制子系统才能够执行。一般的触发子系统都包括信号控制输入端口，该端口的输入信号将控制子系统的执行。在触发子系统中，触发信号可以是标量和向量，触发时，可以将触发子系统中的事件触发方式定义为以下 3 种方式之一。

➢ rising：上升沿触发，当信号以增长方式从负数或零转换到正数时触发；

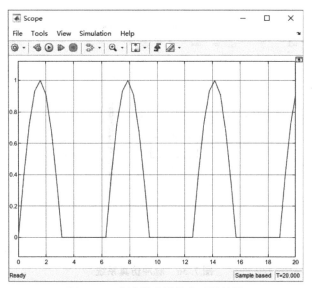

图 7.34　半波整流器仿真系统结果

➤ falling：下降沿触发，当信号以减小方式从正数或零减小到负数时产生触发；

➤ either：下降沿或上升沿触发方式中的任意一种。

【例 7.5】　通过触发子系统获得采样信号。

需要采样的信号为正弦信号，触发信号通过脉冲发生器产生，脉冲发生器的参数设置为：Amplitude：0.5，Period：0.5 s，Pulse Width：50%，如图 7.35 所示。

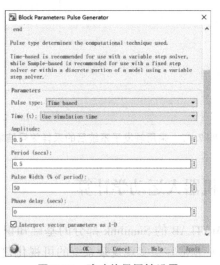

图 7.35　脉冲信号属性设置

从子系统列表中选择触发子系统，将脉冲信号作为触发子系统的触发控制信号，正弦信号设置为触发子系统的采样信号。为便于比较采样信号、触发信号及原始信号之间的关系，此处选择使用 Mux 模块将输入信号复合，再经由示波器显示。设置后的脉冲仿真系统如图 7.36 所示。

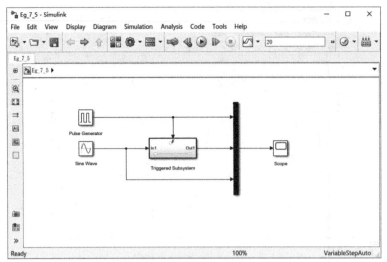

图 7. 36　脉冲仿真系统

将系统的仿真时间设置为 10, 图 7. 37 所示为运行仿真系统得到的仿真结果。

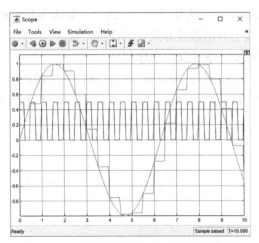

图 7. 37　采用触发子系统后的采样信号结果

7. 4　Simulink 机器人运动学计算

7. 1～7. 3 节介绍了 MATLAB 的 Simulink 部分的基础知识, 包括模块库、子系统封装和基本操作等。Simulink 非常容易实现复杂系统的可视化建模, 便于把理论研究和工程实践有机地结合到一起, 可以使用它来建立机器人系统模型、自定义求解模块或使用已有的求解模块来计算机器人的运动学和动力学, 从而进行仿真分析。Simulink 中包含 Robotics System Toolbox 模块库, 该模块库提供了用于设计、模拟和测试机械臂机器人、移动机器人和仿人机器人的工具和算法。对于机械臂机器人和仿人机器人, 该工具箱包括用于碰撞检查、轨迹生成、运动学和动力学求解等模块。对于移动机器人, 它包括用于构建地图、定位、路径规划、路径跟踪和运动控制等模块。该模块库可以方便地用于机器人运动学的计算，本节将介绍如何使用 Simulink 中的 Robotics System Toolbox 模块库建立机器人系统的运动学模型，进而进行机器人的正逆运动学分析、雅可比矩阵求解及使用自定义函数模块进行轨迹规划。

7.4.1　正运动学分析

Robotics System Toolbox 模块库主要包含"Manipulator Algorithms""Mobile Robot Algorithms""ROS"和"Utilities"四个模块，如图 7.38 所示。

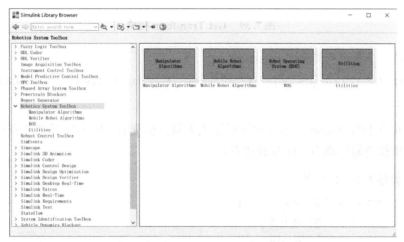

图 7.38　Robotics System Toolbox 模块库

其中，Manipulator Algorithms 子模块库以 RigidBodyTree（刚体树）实例对象来构建机器人的模型，主要用于构建高级运动控制器并与机器人模型交互、在机器人模型上执行碰撞检查及正逆运动学和动力学计算。Mobile Robot Algorithms 子模块库主要用于移动机器人的路径跟随和避障。ROS 子模块库主要用作 ROS 模拟器，可进行 ROS 设置并获取 ROS 的相关信息。Utilities 子模块库包含附加模块，主要用于坐标系转换。

Manipulator Algorithms 子模块库中包含可用于机器人正运动学计算的 Get Transform 模块，如图 7.39 所示。该模块用于在给定系统模型下计算任意两个实体框架间的坐标变换矩阵。该模块接受 $N \times 1$ 的关节转角行向量作为 Config 接口的输入，单位为 m 或 rad，输出一个 4×4 的坐标转换矩阵。可选取自定义的刚体树（即假设机器人的各关节机械臂为刚体，对其分别进行连接形成的刚体树）实例对象作为模块模型参数的输入。

通过 RigidBodyTree 构造函数来构建刚体树实例对象，并通过该机器人各关节的几何和物理参数构造各关节的刚体实例对象，最后将各关节刚体实例对象添加到整个刚体树实例对象中构造出机器人的刚体树模型。新建脚本命名为 sixJointRigidBodyTree.m，并添加以下代码：

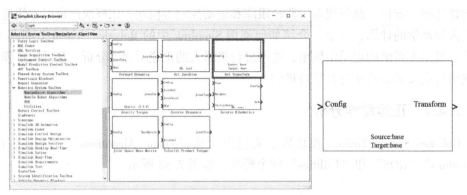

图 7.39　Get Transform 模块

```
% 构建刚体树实例对象 treerbt
treerbt = robotics.RigidBodyTree('MaxNumBodies', 7, 'DataFormat',
'column');
```

以第 6 章中的 Staubli TX200 六轴机器人为例，标准 D – H 参数可参考表 6.4。在脚本中添加该模型的标准 D – H 参数如下：

```
% 添加标准 D – H 参数
dhparams = [0.25 -pi/2 0 0;
            0.95 0 0 0;
            0 pi/2 0 0;
            0 -pi/2 0.8 0;
            0 pi/2 0 0;
            0 0 0.194 0];
```

基于标准 D – H 参数分别对各关节的刚体模型建模，并添加到刚体树实例对象 treerbt 中。例如关节 1 的刚体模型构造如下：

```
% 构建关节 1 的刚体模型
body1 = robotics.RigidBody('body1');
body1.Joint = robotics.Joint('joint1','revolute');
body1.Joint.setFixedTransform(dhparams(1,:),'dh');
treerbt.addBody(body1,'base');
```

构造整个刚体树模型，结果如图 7.40 所示。

在 Simulink 中构建 Staubli TX200 机器人的正运动学计算模型，如图 7.41 所示。

Get Transform 模块（正运动学计算模块）用于计算多关节机器人的正运动学，得到末端执行器相对于基座坐标系的齐次变换矩阵。设置模块的模型输入参数为前面定义的 treerbt 对象，Source 参数为末端执行器 tool，Target 参数为基座 base，模块 T 用于将计算结果输出到工作空间中。

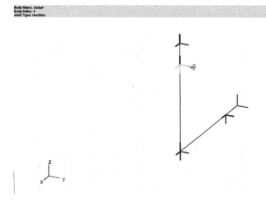

图 7. 40　Staubli TX200 机器人的三维刚体树模型

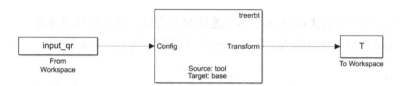

图 7. 41　用于正运动学计算的 Simulink 模型

输入 input_qr $= [0, -1.570\,8, 1.570\,8, 0, 0, 0]$，可得：

$$
T = \begin{bmatrix}
1.000\,0 & 0 & 0 & 0.250\,0 \\
0 & 1.000\,0 & 0 & -0.000\,0 \\
0 & 0 & 1.000\,0 & 1.944\,0 \\
0 & 0 & 0 & 1
\end{bmatrix}
$$

输入 input_qn $= [0 \; -\text{pi}/2 \; -3*\text{pi}/4 \; \text{pi}/4 \; \text{pi}/4 \; 0]$，可得：

$$
T = \begin{bmatrix}
-0.853\,6 & 0.500\,0 & 0.146\,4 & 0.844\,1 \\
0.500\,0 & 0.707\,1 & 0.500\,0 & -0.000\,0 \\
0.146\,4 & 0.500\,0 & -0.853\,6 & 0.218\,7 \\
0 & 0 & 0 & 1.000\,0
\end{bmatrix}
$$

单位为 m。对比第 6 章 6.4.1 小节计算的结果，发现基本一致，这也证明了 Get Transform 模块正运动学计算模块的准确性。

7.4.2　逆运动学分析

Manipulator Algorithms 子模块库中包含 Inverse Kinematics 模块，可用于机械臂机器人逆运动学的求解，如图 7.42 所示。

该模块接受一个 4×4 的末端执行器位姿的齐次变换矩阵输入、一个 1×6 的末端执行器的方向和位置公差的权重向量输入，以及一个初步预测的关节转角行向量输入，输出为计算得到的 $N \times 1$ 的关节转角列向量。同样地，该模块也需要一个自定义的机器人刚体树实例对象作为模块模型参数的输入，可参考 7.4.1 节所述，通过各关节的几何和

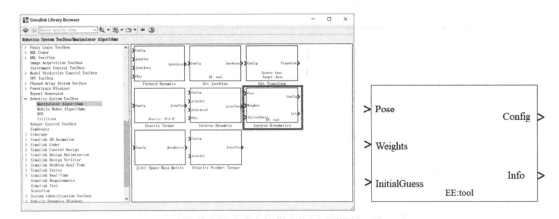

图 7.42　Inverse Kinematics 模块

物理参数构建各关节的实体 Body，然后连接起来得到串联的刚体树模型。

对于 Staubli TX200 机器人，构建其逆运动学求解的 Simulink 模型，如图 7.43 所示。

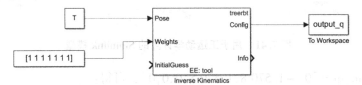

图 7.43　用于逆运动学求解的 Simulink 模型

定义各关节的求解精度权重矢量为 [1 1 1 1 1 1]，模块模型参数输入的刚体树实例对象为7.4.1 节中已经定义的 treerbt 对象，InitialGuess 和 Info 参数暂不设置，Pose 输入即末端执行器的齐次变换矩阵分别为：

$$
T = T_z = \begin{bmatrix} 1.000\ 0 & 0 & 0 & 1.200\ 0 \\ 0 & 1.000\ 0 & 0 & 0.000\ 0 \\ 0 & 0 & 1.000\ 0 & 0.944\ 0 \\ 0 & 0 & 0 & 1 \end{bmatrix}
$$

$$
T = T_n = \begin{bmatrix} -0.853\ 6 & 0.500\ 0 & 0.146\ 4 & 0.844\ 1 \\ 0.500\ 0 & 0.707\ 1 & 0.500\ 0 & 0.097\ 0 \\ 0.146\ 4 & 0.500\ 0 & -0.853\ 6 & 0.218\ 7 \\ 0 & 0 & 0 & 1.000\ 0 \end{bmatrix}
$$

计算得到的关节向量 q 分别记为：

output_q1 = [0 0 0 0 0 0]

output_q2 = [3.141 6, 2.787 3, 3.141 6, −2.266 9, 2.434 7, 1.342 3]

对比发现，$T = T_z$ 时两种方法求解结果 output_q1 和 q_z 基本一致，但 $T = T_n$ 时对应各关节坐标的求解值 output_q2 和 $q_n = [0, −1.570\ 8, −2.356\ 2, 0.785\ 4, 0.785\ 4, 0]$ 却不同。若采用前述的机器人工具箱根据关节坐标计算正运动学末端执行器位姿矩阵，输入 output_q2 = [3.141 6, 2.787 3, 3.141 6, −2.266 9, 2.434 7, 1.342 3]，计算可得：

```
ans =
    -0.8556    0.5019    0.1268    0.9431
     0.4924    0.7136    0.4984    0.0967
     0.1596    0.4888   -0.8576    0.2544
          0         0         0    1.0000
```

经对比发现，在一定精度下这两个不同的关节坐标对应的末端执行器位姿矩阵基本一致，这也证明关节坐标位置解 output_q2 和 q_n 是同一末端执行器位姿对应的两种不同的位形解。若给定一个初步预测的关节位置坐标向量解 prd_qn 作为 InitialGuess 节点的输入，例如给定 prd_qn = [0 0 -1 -2 0 0 0]，添加 prd_qn 输入建立新的 Simulink 模型，如图 7.44 所示。

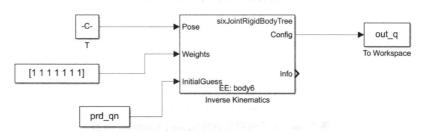

图 7.44　包含 InitialGuess 输入的逆运动学求解模型

此时求得的 out_q = [0.000 0, -1.570 8, -2.356 2, 0.785 4, 0.785 4, -0.000 0]，与 q_n 关节坐标一致，InitialGuess 接口可以根据输入的预测值计算与之相近的位形解，从而选择想要的位形解。

7.4.3　雅可比矩阵

Manipulator Algorithms 子模块库中还提供了可用于雅可比矩阵求解的 Get Jacobian 模块，如图 7.45 所示。

该模块接受 $N \times 1$ 的关节转角行向量作为 Config 接口的输入，单位为 m 或 rad，模块输出一个 $6 \times N$ 的世界坐标系下的雅可比矩阵，可将关节空间速度映射到世界坐标系中的末端执行器空间速度。EE 参数用于选取末端执行器，该模块同样需要一个刚体树实例对象作为模型参数输入。

对于 Staubli TX200 机器人，构建其逆运动学求解的 Simulink 模型，如图 7.46 所示。

输入 $q = q_n = [0 -\text{pi}/2 -3*\text{pi}/4 \ \text{pi}/4 \ \text{pi}/4 \ 0]$，设置该求解模块的模型参数输入为前面已定义的 treerbt 对象，可得雅可比矩阵：

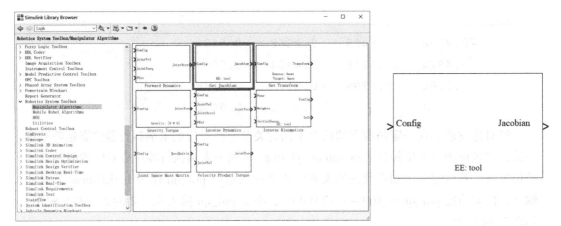

图 7.45　Get Jacobian 模块

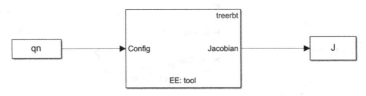

图 7.46　用于雅可比矩阵求解的 Simulink 模型

```
J =

  -0.0000    0.0000    0.0000    0.7071    0.5000    0.1464
        0    1.0000    1.0000    0.0000    0.7071    0.5000
   1.0000    0.0000    0.0000   -0.7071    0.5000   -0.8536
  -0.0970    0.2187   -0.7313    0.0686   -0.1656         0
   0.8441    0.0000         0    0.0970    0.0970         0
        0   -0.5941   -0.5941    0.0686    0.0284         0
```

7.4.4　轨迹规划

由于机器人在实际运动过程中各关节都会存在加速、匀速和减速三个过程区间，如图 7.47 所示，只采用 5 次多项式方程进行轨迹插值和拟合会产生较大的误差。为了精确描述机器人各关节子过程的运动，最好为每个子区间分别求取各自的 5 次拟合多项式，并注意不同区间的衔接点处，使机器人的关节运动位置、角速度和角加速度保持连续。

在 Simulink 中可以构建相应的自定义函数模块来进行轨迹规划。新建轨迹拟合函数 Divlinefit 来求解各子过程的拟合函数进行上述三个子过程的轨迹拟合，设 tf，te 分别为轨迹起点和轨迹终点对应的时间，delta 为加速时间间隔的一半，etatf，etadottf，eta2dottf 分别为起点位置的关节坐标、关节角速度和关节角加速度，etate，etadotte，eta2dotte 为终点位置的关节坐标、关节角速度和关节角加速度。构造关键路径点间的分段插值拟合函数如下：

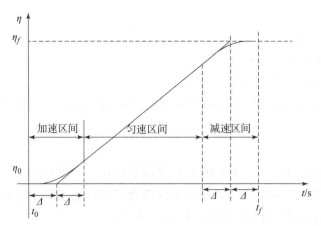

图 7.47　结合 5 次多项式的分段轨迹拟合

```
Function[params1,params2,params3] = Divlinefit(etatf,etadottf,
eta2dottf,etate,etadotte,
    eta2dotte,tf,te,delta)
% 轨迹规划函数 Divlinefit
% 求解三个子过程分别对应的拟合函数
k = (etate - etatf)/(tf - te - 2 * delta);
% 加速阶段
t0 = tf;
eta0 = etatf;
etadot0 = etadottf;
eta2dot0 = eta2dottf;
t1 = tf + 2 * delta;
eta1 = etatf + delta * k;
etadot1 = k;
eta2dot1 = 0;
params1 = linefit5(eta0,etadot0,eta2dot0,eta1,etadot1,eta2dot1,
t0,t1);
% 匀速阶段
params2 = [eta1 - k * t1,k,0,0,0,0];
% 减速阶段
t2 = te - 2 * delta;
eta2 = etate - k * delta;
etadot2 = k;
eta2dot2 = 0;
```

```
t3 = te;
eta3 = etate;
etadot3 = etadotte;
eta2dot3 = eta2dotte;
params3 = linefit5 (eta2,etadot2,eta2dot2,eta3,etadot3,eta2dot3,
t2,t3);
end
```

在 Simulink 模块中选择 MATLAB 自定义函数模块，使用 Divlinefit 函数进行轨迹拟合，搭建在已知仿真时间时采用 5 次多项式拟合求取轨迹关节坐标 q、关节角速度 q_d 和关节角加速度 q_{dd} 的 Simulink 模型，如图 7.48 所示。

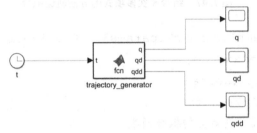

图 7.48　分段轨迹拟合函数的 Simulink 模型

7.5　Simulink 机器人动力学计算

7.5.1　正动力学分析

Manipulator Algorithms 子模块库中包含求解机器人正动力学和逆动力学的模块，可以方便、快速地进行机器人动力学方程的求解。Forward Dynamics 模块（正动力学计算模块）如图 7.49 所示。

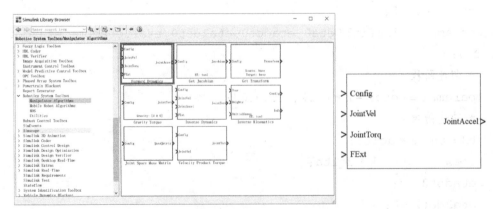

图 7.49　用于正动力学求解的 Forward Dynamics 模块

该模块用于在给定机器人各关节角度和关节速度下，以及各关节所受驱动力矩下计算各关节角加速度的大小。Config，JointVel 和 JointTorq 接口接受 $N \times 1$ 的向量，对应 N 个非固定关节的刚体树实例对象。其中 Config 接口接受 $N \times 1$ 的关节坐标（单位为 rad 和 m），JointVel 接口接受 $N \times 1$ 的角速度向量（单位为 rad/s 和 m/s），JointTorq 接口接受 $N \times 1$ 的关节受力或力矩（单位为 N 和 N·m）。除此之外，FExt 接口用于接受一个 $6 \times M$ 的末端执行器所受外力或外力矩矩阵，其中，M 为刚体树实例对象的关节数目。模块输出接口 JointAccel 返回一个 $N \times 1$ 的关节加速度向量，模块的模型参数为刚体树实例对象。

以 Staubli TX200 机器人为例来说明如何使用此模块计算机器人的正动力学，各关节的物理参数见第 6 章表 6.6。

在 sixJointRigidBodyTree.m 脚本中分别添加各关节的相关物理参数定义：

```
% 定义各连杆的质量
body1.Mass =4.0;
body2.Mass =15.2;
body3.Mass =0.6;
...
% 定义各连杆的质量中心
body1.CenterOfMass =[0.125,0,0];
body2.CenterOfMass =[ -0.475,0,0];
body3.CenterOfMass =[0,0.0, 0.0005];
...
% 定义各连杆的惯性矩阵参数
body1.Inertia =[0.3200 0.2433 0.2433 0 0 0];
body2.Inertia =[1.2160 1.8113 1.8113 0 0 0.0];
body3.Inertia =[0.0241 0.0241 0.0480 0 0 0];
...
```

构建用于求解正动力学的 Simulink 模型，如图 7.50 所示。设置该求解模块的模型参数输入为前面已定义的 treerbt 对象。

输入的初始各关节转角坐标为：input_qn $= [0, -1.570\,8, -2.356\,2, 0.785\,4, 0.785\,4, 0]$。定义各关节角速度为：$d_q = [0.1\ 0.1\ 0.1\ 0.1\ 0.1\ 0.1]$，单位为 rad/s；各关节所受力矩为：joint_torq $= [1\ 1\ 0\ 1\ 0\ 1]$，单位为 N·m，设末端执行器所受外力或外力矩均为 0，即 fext $=$ zeros(6,6)。

计算得到每个关节的加速度组成的向量为 $[19.51, 22.92, 12.12, -4.76, -50.63, 23.96]$，单位为 rad/s^2。

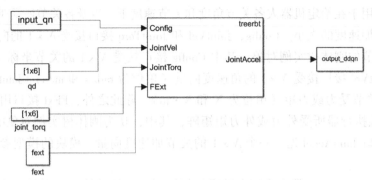

图 7.50　用于正动力学求解的 Simulink 模型

7.5.2　逆动力学分析

关于逆动力学的计算，可以使用 Manipulator Algorithms 子模块库中的 Inverse Dynamic（机器人逆动力学求解）模块，如图 7.51 所示。

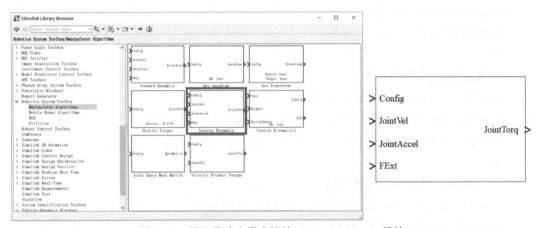

图 7.51　用于逆动力学求解的 Inverse Dynamic 模块

该模块用于在给定机器人各关节初始关节转角、关节角速度和关节角加速度时计算各关节所需的驱动力矩的大小。Config，JointVel 和 JointAccel 接口接受 $N \times 1$ 的向量，对应具有 N 个非固定关节的刚体树实例对象。其中，Config 接口接受 $N \times 1$ 的关节转角（单位为 rad），JointVel 接口接受 $N \times 1$ 的角速度向量（单位为 rad/s），JointAccel 接口接受 $N \times 1$ 的关节角加速度（单位为 rad/s^2）。除此之外，FExt 接口用于接受 $6 \times M$ 的末端执行器受到的外力或外力矩矩阵，其中，M 为刚体树实例对象包含的关节数目，模块输出接口 JointTorq 返回一个 $N \times 1$ 的关节力矩向量。该模块的参数为刚体树实例对象，可由自定义脚本建立并作为参数传入该模块。

对于前述 Staubli TX200 机器人，可使用 Inverse Dynamic 模块进行逆动力学计算，将 7.4.1 节中已经建立的刚体树实例对象 treerbt 作为模块的模型参数输入，建立如图 7.52 所示 Simulink 模型。

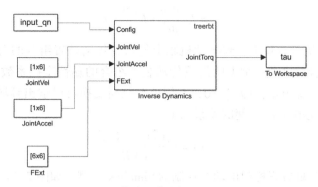

图 7.52　用于逆动力学求解的 Simulink 模型

选取各关节的初始位置坐标为：input_qn = [0, -1.570 8, -2.356 2, 0.785 4, 0.785 4, 0]；选取各关节的关节角速度为：q_d = [0.1 0.1 0.1 0.1 0.1 0.1]，单位为 rad/s；各关节的关节角加速度为：q_{dd} = [10 10 10 10 10 10]，单位为 rad/s²；设末端执行器所受外力或外力矩均为 0，即 FExt = zeros(6,6)；可得各关节所受外力矩组成的向量为 tau = [11.57 -53.10 17.53 39.27 13.17 11.87]，单位为 N·m。

7.6　机械臂关节控制

为了让机器人按照给定的轨迹运动，必须使它的每一个关节也按照特定的关节空间轨迹进行运动，因此，机器人关节的控制对整个机器人运动的控制极为重要。本节主要介绍机器人关节的驱动电动机数学模型和构建相应的 Simulink 模型的方法，并结合 Simulink 模型介绍机器人关节控制的独立关节控制方法。

7.6.1　驱动电动机

大多数的工业机器人都是采用电动机驱动的，电动机产生的转矩 T 与电动机的电枢电流 i 成正比，其数学关系如下式：

$$T = K_m i \tag{7-1}$$

式中，K_m 为电动机的扭矩常数，单位为 N·m/A。电枢在旋转过程中会产生一定的感应电压，它的大小与磁通和电枢角速度的乘积成正比，当磁通大小一定时，感应电压 e_b 与电枢转动角速度的关系如下式所示：

$$e_b = K_e \frac{\mathrm{d}\theta}{\mathrm{d}t} \tag{7-2}$$

式中，K_e 为电动机的反电动势常数；e_b 为电动机的反电动势；θ 为电枢的转角。

电枢式驱动电动机的转速由电枢电压 e_a 所控制，电枢电流的微分方程如下式所示：

$$L \frac{\mathrm{d}i}{\mathrm{d}t} + Ri + e_b = e_a \tag{7-3}$$

电动机的扭矩 T 和电动机电枢的转角 θ 之间的关系如下式所示：

$$T = J_m \frac{\mathrm{d}^2\theta}{\mathrm{d}t^2} + b\frac{\mathrm{d}\theta}{\mathrm{d}t} + T_c \qquad\qquad (7-4)$$

式中，J_m 为电动机负载和折合到电动机轴上的齿轮传动装置组合的总转动惯量；B 为电动机负载和折合到电动机轴上的齿轮传动装置组合的黏性摩擦系数；T_c 为库仑摩擦力矩。忽略库伦摩擦力矩，即 $T_c = 0$，利用拉普拉斯变换可以求出频域下电流 i 和电枢电压 e_a、电动机反电动势 e_b 间的关系如下：

$$i(s) = \frac{e_a(s) - e_b(s)}{Ls + R} \qquad\qquad (7-5)$$

根据以上的频域方程构建电动机控制的 Simulink 模型，如图 7.53 所示。

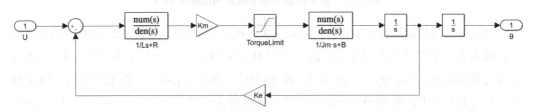

图 7.53　电动机控制的 Simulink 模型

以上模型描述了电动机在给定电枢电压 U 时通过电动机控制方程求解得到的电动机转角 θ 的变化。

7.6.2　独立关节控制

独立关节控制方法是一种常见的机器人关节控制方法，使每个关节能够以一定精度跟随各自的关节轨迹移动，通常采用嵌套的控制回路进行控制。

PID 控制器作为一种常见的反馈回路部件，被广泛应用在工业控制中，可以有效地消除系统误差。在给定预计关节位置输入时，为了控制电动机模型输出的实际的电动机关节位置，可以采用 PID 控制器进行闭环控制。外环为位置环，负责保持关节位置，位置误差为内环提供速度要求，从而确定使位置误差最小的关节速度，使实际位置紧密跟随输入的目标位置。内环为速度环，负责保持外环所要求的关节速度，使用 PID 控制器得到电动机电枢电压，从而产生电动机的驱动力矩，使实际速度紧密跟随要求的速度。

此外，在实际应用中，控制系统一般同时采用前馈和反馈控制，前馈用于注入可以计算出的信号，反馈控制补偿所有其他的误差源，例如机械臂位姿和有效载荷引起的惯性变化、速度和加速度耦合引起的所有干扰力矩等。通过逆动力学求解各关节所需要的关节力矩，并将这一力矩作为电动机各关节位置控制的前馈输入加到控制模型中，有利于减少扰动。另外，添加一个力矩的饱和器 TorqueLimit 来模拟电动机所能提供的最大扭矩，可以添加力矩前馈项构建如图 7.54 所示的单关节位置控制模型。

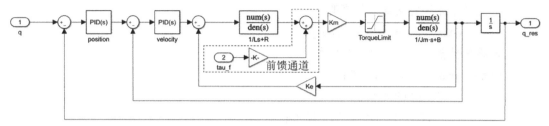

图 7.54　单关节位置控制模型

7.7　Simulink 仿真实例

本节综合 7.4 ~ 7.6 节所讲的知识，通过实例对 Simulink 如何应用到机器人的位置控制仿真进行介绍。

7.7.1　仿真任务描述

选用第 6 章 6.6 节中的实例，运用 Simulink 构建仿真模型进行机器人关节控制的仿真。采用 6 自由度的多关节机械臂工业机器人，模拟机器人在微纳组装中通过移动磁铁的位置来实现对微环的移动组装，机械臂末端执行器处固定有磁铁（磁铁质量约为 10 g）。

给定任务参考第 6 章 6.6.1 小节的内容。该机器人为多关节机械臂机器人，其 D - H 参数见表 6.4，为了便于进行机器人关节控制，忽略各关节的库仑摩擦力 T_c，将其设置为 0，并给定各关节处的相同的黏性摩擦系数 B，机器人连杆机械臂的物理参数见表 7.3。

表 7.3　机器人连杆机械臂的物理参数

关节	连杆质量 m	质心位置向量 r	黏性摩擦系数 B	库仑摩擦力 T_c
1	0	$(0, 0, 0)$	0.82×10^{-3}	0
2	17.4	$(-0.36, 0.006, 0.23)$	0.82×10^{-3}	0
3	4.8	$(-0.02, 0.014, 0.07)$	0.82×10^{-3}	0
4	0.82	$(0, 0.019, 0)$	0.82×10^{-3}	0
5	0.34	$(0, 0, 0)$	0.82×10^{-3}	0
6	0.09	$(0, 0, 0.032)$	0.82×10^{-3}	0

新建 sixRigidBodyTree. m 脚本文件构建机器人的刚体树模型：

```
% 创建刚体树实例对象
tree = robotics.RigidBodyTree("MaxNumBodies",7,"DataFormat",'row');
```

```
% 设置刚体树所受重力加速度
tree.Gravity =[0 0 -9.81];
% 添加机器人的标准 D-H 参数
dhparams =[0 pi/2 0 0;
           0.4318 0 0 0;
           0.0203 -pi/2 0.150 0;
           0 pi/2 0.4318 0;
           0 -pi/2 0 0;
           0 0 0 0];
% 添加关节 1
body1 =robotics.RigidBody('body1');
body1.Joint =robotics.Joint('joint1','revolute');
body1.Joint.setFixedTransform(dhparams(1,:),'dh');
body1.Mass =0;
body1.CenterOfMass =[0,0,0];
body1.Inertia =[0,0.35,0,0,0,0];
treerbt.addBody(body1,'base');
% 添加关节 2
body2 =robotics.RigidBody('body2');
body2.Joint =robotics.Joint('joint2','revolute');
body2.Joint.setFixedTransform(dhparams(2,:),'dh');
body2.Mass =17.4;
body2.CenterOfMass =[-0.36,0.006,0.23];
body2.Inertia =[0.13,0.524,0.539,0,0,0];
treerbt.addBody(body2,'body1');
...
% 添加关节 6
body6 =robotics.RigidBody('tool');
body6.Joint =robotics.Joint('joint6','revolute');
body6.Joint.setFixedTransform(dhparams(6,:),'dh');
treerbt.addBody(body6,'body5');
```

构建得到如下的刚体树模型和连杆坐标系，分别如图 7.55（a）和图 7.55（b）所示。

此多关节机器人的位置控制仿真主要可分为以下几个过程：

➤ 规划出此多关节机器人的各关节在三个子过程中的运动轨迹函数，分别设置加速、匀速和减速三个阶段；

➤ 建立机器人的 Simulink 仿真控制模型；

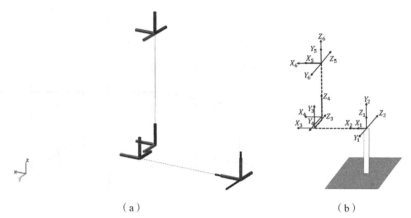

（a）　　　　　　　　　　　　　　　（b）

图 7.55　机器人的刚体树模型和连杆坐标系连杆坐标系

（a）刚体树模型的三维展示图；（b）连杆坐标系

➤ 运行得到仿真结果。

通过构建 Simulink 模型来对各关节在移动过程中的关节角度进行控制，对比机械臂关节转角的值和预计所需的关节转角值，可以得到仿真控制结果和实际结果的差别，用于指导和模拟实际的关节位置控制过程。

7.7.2　轨迹函数生成

整个组装过程共分为三个子过程，包含四个关键点 $P_0(0.45, -0.15, 0.43)$，P_1 $(0.35, -0.15, -0.6)$，$P_2(0.38, 0.05, -0.6)$ 和 $P_3(0.38, 0.05, -0.5)$，分别对应关节坐标为：

$$\boldsymbol{q}_0 = [0\ 0\ 0\ 0\ 0\ 0]$$
$$\boldsymbol{q}_1 = [0, -0.523\ 6, -2.618\ 0, 0, 0, 0]$$
$$\boldsymbol{q}_2 = [0.523\ 6, -0.523\ 6, -2.618\ 0\ 0, 0, 0]$$
$$\boldsymbol{q}_3 = [0.523\ 6, -0.281\ 1, -2.955\ 6, -3.141\ 6, -0.095\ 1, 3.141\ 6]$$

该多关节机器人的运动过程可以分为三个子过程，为了对机器人运动子过程中各关节的运动进行规划，采用 7.4.4 小节中的方法，为每个关节的运动子区间分别求取 5 次拟合多项式进行轨迹规划。根据已知条件设置仿真时间为 13 s，时间步设置为固定时间步，时间间隔为 0.2 s，可得路径中不同位形瞬时各关节的关节转角、角速度和角加速度输出结果，如图 7.56 ~ 图 7.58 所示。

7.7.3　仿真模型构建

轨迹规划得到各中间路径点的坐标值之后，进行此多关节机器人的关节控制 Simulink 模型的构建。首先采用 7.6.2 小节中所述独立关节控制来构建各关节处的电动机驱动模型（图 7.54），并将其作为子系统进行封装，得到 PositionControl 模块，如图 7.59 所示。

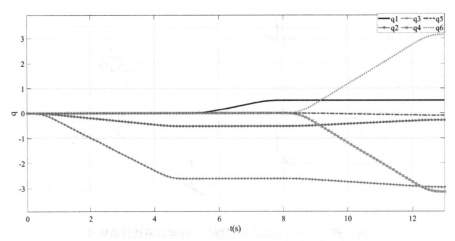

图 7.56　路径中不同位形瞬时各关节的关节坐标

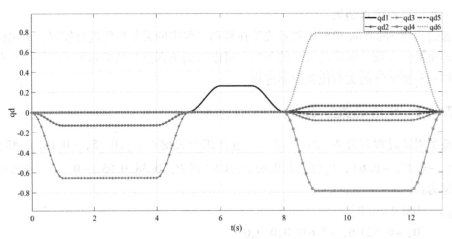

图 7.57　路径中不同位形瞬时各关节的关节角速度

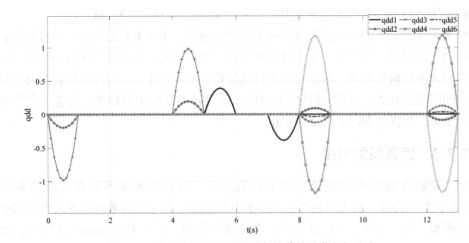

图 7.58　路径中不同位形瞬时各关节的关节角加速度

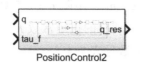

图 7.59　PositionControl 模块

接着结合 7.5.2 小节介绍内容根据机器人的物理参数和标准 D – H 参数构造刚体树模型，利用 Simulink 机器人系统工具箱 Manipulator Algorithms 子模块库中的 Inverse Dynamic 模块，把轨迹规划得到的关节转角、关节角速度和关节角加速度作为输入，计算机器人逆运动学，得到理论需要的各关节力矩，并将这一力矩作为电动机各关节位置控制的前馈输入加到控制模型中。构建完整的 Simulink 控制模型，如图 7.60 所示。

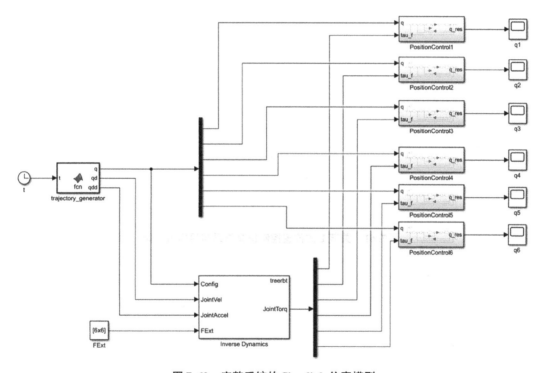

图 7.60　完整系统的 Simulink 仿真模型

根据逆动力学计算得到的关节力矩预估值选取永磁同步力矩伺服电动机作驱动器，选取的电动机参数见表 7.4。

表 7.4　所选电动机的物理参数

型号	功率 /kW	堵转转 矩/(N · m)	额定转 矩/(N · m)	转动惯量 /(kg · m²)	定子线 电阻/Ω	电感/ mH
DYTS – 340 – 160	3.7	160	140	0.15	7.5	100

电动机转动惯量 $J_m = 0.15$ kg·m^2，电阻 $R = 7.5$ Ω，电感 $L = 0.1$ H，黏性摩擦系数 $B = 0.008$ N·m·s·rad^{-1}，电动机的扭矩常数 $K_m = 0.3$ N·m·A^{-1}，反电动势常数 $K_e = 0.5$ V·s·rad^{-1}。设置参数见表7.4。

7.7.4　仿真结果分析

如7.7.2小节所述，设置仿真时长为13 s，固定时间步间隔为0.1 s，求解器设置为自动选择 auto 模式，运行仿真并根据输出反复调节位置环和速度环的 PID 控制器参数值，关节 1~6 对应的位置控制仿真值和目标值对比结果分别如图 7.61~图7.66 所示。

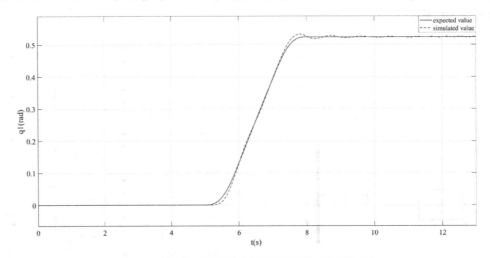

图 7.61　关节1的位置控制仿真结果与目标值对比

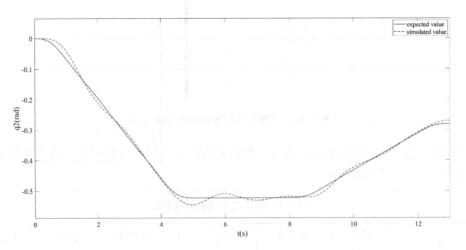

图 7.62　关节2的位置控制仿真结果与目标值对比

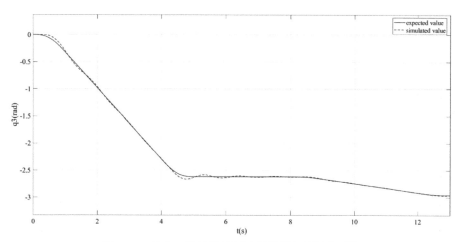

图 7.63　关节 3 的位置控制仿真结果与目标值对比

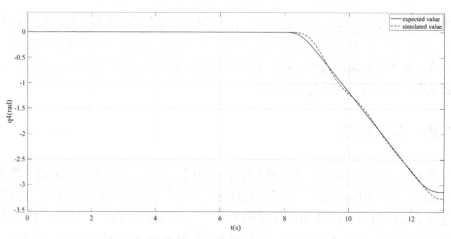

图 7.64　关节 4 的位置控制仿真结果与目标值对比

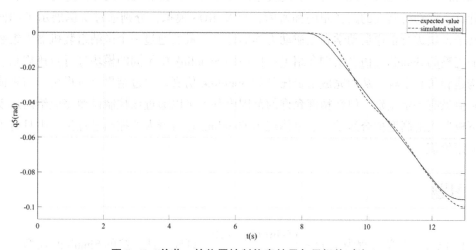

图 7.65　关节 5 的位置控制仿真结果与目标值对比

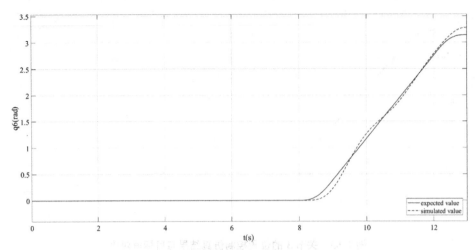

图 7.66　关节 6 的位置控制仿真结果与目标值对比

从以上仿真结果可知，可通过独立关节控制来实现多关节机器人按目标轨迹相拟合的轨迹运动，在一定精度允许的范围内使用所选的电动机，通过调节 PID 控制器可实现机器人按预定轨迹运动的精确控制，基本满足此场景下的机器人运动控制要求，仿真结果符合预期，基本可以完成组装的任务。

7.8　本章小结

本章主要介绍了 Simulink 在机器人学中的应用。首先介绍了 Simulink 仿真的基础知识、Simulink 的基本操作及基本的系统模块库，介绍了如何连接已有的模块库搭建仿真模型进行系统的仿真，以及如何搭建仿真模型中的子系统和进行封装。然后介绍了 Robotics System Toolbox 模块库，其主要包含 Manipulator Algorithms，Mobile Robot Algorithms，ROS 和 Utilities 四个子模块库，可以用于多关节机器人的正逆运动学和动力学计算、移动机器人的路径跟随和避障，以及 ROS 模拟，分别通过实例展示了如何利用其子模块进行正逆运动学和正逆动力学的计算。最后通过一个微纳组装机器人组装任务的完整的 Simulink 仿真实例介绍了如何使用 Simulink 中不同的模块进行轨迹规划、模型构建和仿真求解，从而完成给定任务的 Simulink 仿真。通过结果分析得出，仿真值和实际值虽有一定差别，但在精度允许的范围内基本可以通过该控制模型完成给定运动轨迹下机器人的高度拟合运动。这也体现出 Simulink 在机器人的控制过程仿真中具有重要的应用价值。

习题

1. 已知某简单方程为 $y(t) = \begin{cases} 5\sin(t), t > 10 \\ 3\sin(t), t \leqslant 10 \end{cases}$，试建立此系统的 Simulink 模型。

2. 对于第 6 章习题 2 中的 PUMA500 机器人，使用 Robotics System Toolbox 模块库中的 Manipulator Algorithms 子模块库求解：

（1）当机器人各关节坐标为 $q_0 = [\text{pi}/3\ \text{pi}/4\ 0\ \text{pi}/2\ 0\ 0]$ 时，机器人末端关节的笛卡尔坐标系下的位姿矩阵。

（2）把（1）得到的结果作为输入，对机器人的逆运动学进行求解，得到各关节坐标值，对比此坐标值和初始关节坐标 q_0 的值。

3. 假设上述 PUMA500 机器人在一段运动轨迹中起始位置处各关节坐标为 $q_0 = [0\ 0\ 0\ 0\ 0\ 0]$，终止时各关节坐标为 $q_1 = [\text{pi}/2\ \text{pi}/3\ \text{pi}/6\ \text{pi}/3\ \text{pi}/12\ \text{pi}/12]$，运行时间为 5 s，假设起始和终止时刻各关节的角速度和角加速度均为 0，机器人各关节的物理参数参考表 7.5。

（1）试利用 Simulink 模块对这一过程进行轨迹规划拟合，并求得各关节角、关节角速度和角加速度的变化。

（2）选择 7.7.3 小节中的电动机进行独立关节控制，对该运动过程各关节的位置控制进行仿真，并对比仿真结果和目标结果。

表 7.5　机器人关节的物理参数

关节	连杆质量 m/kg	质心位置 向量 r	关节转动惯量矩阵 J_m	黏性摩擦系数 B
1	21.534 4	(0.215 9, 0, 0)	[0.001 1, 0.775 4, 0.775 4, 0, 0, 0]	1.48×10^{-3}
2	1.012 4	(0.010 1, 0, 0)	[0.000 1, 0.001 7, 0.001 70, 0, 0, 0]	1.48×10^{-3}
3	7.483 2	(0, 0, 0.075 0)	[0.093 7, 0.093 7, 0.000 4, 0, 0, 0]	1.48×10^{-3}
4	21.597 8	(0, 0.216 5, 0)	[0.780 0, 0.001 1, 0.780 0, 0, 0, 0]	1.48×10^{-3}
5	0.1	(0, 0, 0.005)	[0.000 1, 0.000 1, 0, 0, 0, 0]	1.48×10^{-3}
6	2.772 2	(0, 0, 0.027 8)	[0.012 9, 0.012 9, 0.000 1, 0, 0, 0]	1.48×10^{-3}

参 考 文 献

［1］刘国良，杨成慧．MATLAB 程序设计基础教程［M］．西安：西安电子科技大学出版社，2012.

［2］贺超英，禹柳飞，唐杰，等．MATLAB 应用与实验教程［M］．北京：电子工业出版社，2010.

［3］于润伟．MATLAB 基础及应用［M］．北京：机械工业出版社，2003.

［4］蔡旭晖，刘卫国，蔡立燕．MATLAB 基础与应用教程［M］．北京：人民邮电出版社，2009.

［5］徐金明．Matlab 实用教程［M］．北京：清华大学出版社，2005.

［6］王永龙，张兆忠，张桂红．MATLAB 语言基础与应用［M］．北京：电子工业出版社，2016.

［7］张平，吴云洁，夏洁，等．MATLAB 基础与应用（第 3 版）［M］．北京：北京航空航天大学出版社，2018.

［8］胡晓东，董晨辉．MATLAB 从入门到精通［M］．北京：人民邮电出版社，2010.

［9］蒋志宏．机器人学基础［M］．北京：北京理工大学出版社，2018.

［10］戴凤智，张鸿涛，康奇家．用 MATLAB 玩转机器人［M］．北京：化学工业出版社，2017.

［11］天工在线．中文版 MATLAB 2018 从入门到精通：实战案例版［M］．北京：中国水利水电出版社，2018.

［12］刘威，张春良，吴文强．基于 Matlab 的 Staubli TX200 机器人运动学研究［J］．机电技术，2015，No. 102（05）：58 - 60.

［13］阎勤劳，郝建豹，朱琳．基于拉格朗日方程的欠驱动机器人控制模型［C］．全国先进制造与机器人技术高峰论坛，2007.

［14］Raghavan M，Roth B. Inverse kinematics of the general 6R manipulator and related linkages［J］．Journal of Mechanical Design，1993，115（3）：502 - 508.

［15］Aguilar O A，Huegel J C. Inverse kinematics solution for robotic manipulators using a cuda - based parallel genetic algorithm［C］//Mexican International Conference on Artificial Intelligence. Springer，Berlin，Heidelberg，2011：490 - 503.

［16］Latombe J C. Robot motion planning［M］．Springer Science & Business Media，2012.

［17］Jazar R N. Theory of applied robotics：kinematics，dynamics，and control［M］．Springer Science & Business Media，2010.

［18］Chaturvedi D K. Modeling and simulation of systems using MATLAB and Simulink［M］．CRC press，2017.

［19］ Serrezuela R R, Chavarro A F C, Cardozo M A T, et al. Kinematic modelling of a robotic arm manipulator using Matlab ［J］. ARPN Journal of Engineering and Applied Sciences, 2017, 12（7）: 2037 −2045.

［20］ Singh H, Dhillon N, Ansari I. Forward and inverse Kinematics Solution for Six DOF with the help of Robotics tool box in matlab ［J］. International Journal of Application or Innovation in Engineering & Management（IJAIEM）, 2015, 4（3）.

［21］ Xiao J, Han W, Wang A. Simulation research of a six degrees of freedom manipulator kinematics based On MATLAB toolbox ［C］//2017 International Conference on Advanced Mechatronic Systems（ICAMechS）. IEEE, 2017: 376 −380.

［22］ Corke P. Robot manipulator capability in MATLAB: A tutorial on using the robotics system toolbox ［Tutorial］［J］. IEEE Robotics & Automation Magazine, 2017, 24（3）: 165 −166.

［23］ Corke P. Robotics, vision and control: fundamental algorithms in MATLAB Ⓡ second, completely revised ［M］. Springer, 2017.